JN274905

遺伝子とタンパク質の
バイオサイエンス

杉山 政則 編著

杉山 政則
久保　幹
熊谷 孝則 著

共立出版

[JCOPY] <(社)出版者著作権管理機構委託出版物>
本書の無断複写は著作権法上での例外を除き禁じられています．複写される場合は，そのつど事前に，(社)出版者著作権管理機構（電話 03-3513-6969，FAX 03-3513-6979，e-mail: info@jcopy.or.jp）の許諾を得てください．

学生諸君へ

　細菌感染症の治療薬であるペニシリンとストレプトマイシンは，それぞれ，カビと放線菌のつくる抗生物質（antibiotic）として有名です。著者のひとりは，これまで40年余り，抗生物質をつくる微生物，特に「放線菌」を研究対象としてきました。そのきっかけとなったのは，卒論生として抗生物質の生合成を解析する研究室に配属されたからです。その研究室に入って最初に与えられたテーマは，ストレプトマイシンのリン酸化酵素の諸性質を明らかにすることでした。毎日実験することを通じて，次第に研究することの楽しさがわかってきました。卒論のテーマは，それなりに興味深かったのですが，自ら考えた『抗生物質は，病原菌や癌細胞を殺すいわば毒物であるにもかかわらず，それをつくる微生物は，なぜ自らの産物によって自滅しないのか？』という疑問を解決するための研究を，いつの日かやってみたいと思うようになりました。

　縁あって，大学院の修士課程を修了すると同時にその研究室の助手として採用され，自らの研究テーマを決めるときがきました。思い切って，学生時代に抱いた上記の疑問を解決したいと教授に申し出たところ，「やってみなさい」と，即座に許可して下さいました。ちなみに，自らつくる抗生物質に対する生産菌の耐性を「自己耐性（self-protection）」と呼びます。以来，抗生物質生産菌の自己耐性や抗生物質の生合成について遺伝レベルで研究することがライフワークの一つとなっています。

　「制限酵素」，「DNAリガーゼ」，「DNAポリメラーゼ」等の発見が契機となって，1970年代初期には基本的な遺伝子操作技術が確立されました。その頃には，異種（例えばヒト）の遺伝子を大腸菌や動物培養細胞で大量に発現させるための技術も確立し，その後，試験管内で目的遺伝子を容易に数億倍まで増幅できる技術も開発されました。著者はこれまで，自己の研究に遺伝子操作技術を積極的に導入しつつ，微生物分野の研究を進めてきました。

　遺伝情報，すなわち塩基配列の解読に関しては，かつて，マキサム・ギルバ

ートが開発した方法で決定されていましたが，今や，超高速で解析できる手法と装置が開発されたお陰で，各種生物のゲノムが，容易に，かつ，短期間で解読されています。他方，タンパク質の立体構造がその機能を決めるという見地に立って，X線結晶解析法を用いたタンパク質の三次元構造も短い期間で決定されています。

　ところで，講義を通じて感ずることとして，最近の大学生の多くは，大学へ入学したばかりの頃は講義を熱心に聴いているのですが，次第に熱心さが失われていくような気がしています。教育事業を展開する企業のアンケートによれば，最近の大学生の学習実態としては，授業には出席するが，予復習や自主学習をするのは少数派で，「講義の予復習や課題」を週に3時間以上する大学生は4人に1人との調査結果でした。これは教員の責任でもありますが，自主的な勉強や読書を楽しもうとする学生が少ないのも事実です。

　著者（杉山・久保）らは，理工系の大学生に遺伝子操作とタンパク質の解析技術の基礎を学んでもらうための教科書として，2001年に「遺伝子とタンパク質の分子解剖」を出版しました。この本では，著者のひとりとして滝澤　昇先生に参加していただきました。時が経ち，この分野の技術はさらに進歩してきました。最初の出版から10年ほどの間に進展した新規技術を読者の皆さんに紹介しようと，上記の本の改訂作業を計画した次第です。そのため，新たに若い研究者（熊谷）も参加しています。

　本書を通じて，生命科学や薬学を学ぶ学生諸君が，遺伝子発現の調節機構の巧妙さやタンパク質の立体構造の美しさを知ることで，遺伝子レベル，分子レベルの生物学に興味を抱いてもらえるなら，著者としては嬉しい限りです。

2013年8月

著者代表　杉山　政則

はじめに

　1972年，米国スタンフォード大学のバーグ（P. Berg）博士は，試験管内（*in vitro*）において動物ウイルスDNAと大腸菌に寄生するファージDNAとの結合実験を行った。続いて，その翌年には，同じ大学のコーエン（S. N. Cohen）博士とカルフォルニア大学のボイヤー（H. W. Boyer）博士の共同研究グループが，*Eco*RIと名づけた酵素（restriction endonuclease）とDNA同士を貼り合わす酵素（DNA ligase）を用いて，大腸菌の異なったプラスミド（plasmid）同士をつなげることに成功した。しかも，このハイブリッド（混成）プラスミドを大腸菌と混ぜたところ，それが大腸菌細胞内に取り込まれ細胞質でDNAの複製が観察されたのである。ちなみに，プラスミドというのは，染色体DNAのコントロールを受けることなしに独立に複製できる遺伝因子であり，染色体DNAに比べかなり小さなサイズをもつ。

　プラスミドは，最初，エピソーム（episome）といわれていた時期もあった。この「epi」は「外」という意味をもち，エピソーム上に薬剤耐性遺伝子が載っていたことから，この染色体外遺伝因子は遺伝子組換え実験のツールとして利用されることとなった。コーエンらの実験が成功した裏には，「塩化カルシウム溶液で洗った大腸菌の細胞と外来DNAとを混ぜて低温下に置くと，DNAが細胞内に積極的に取り込まれる」という発見があった。それはハワイ大学のマンデル（M. Mandel）とヒガ（A. Higa）によって，1970年にもたらされた功績である。1974年，異種遺伝子を大腸菌で発現させる実験がチャン（A. C. Y. Chang）とコーエンによって行われた。彼らは，大腸菌と黄色ブドウ球菌のそれぞれのプラスミドを*Eco*RIで切断後，DNAリガーゼを用いて連結し，その混成プラスミドを大腸菌に導入した。その結果，大腸菌が黄色ブドウ球菌由来のDNAを複製することがわかり，この研究を通じて異種遺伝子が大腸菌の細胞内で発現することが証明された。以来，分子生物学の領域に身を置く多くの研究者は，分子生物学に対する期待感と生命現象の完全解明に向

けた夢をもって，遺伝子組換え技術を自己の研究に積極的に取り入れていった。

組換えDNA技術の出現は，医学，薬学，基礎生物学の領域に身を置く人たちだけでなく，農学部や工学部で生物を扱う研究者にとっても，研究を推進するうえできわめて役立っている。薬学の研究分野でも，遺伝子研究がスタートした頃には途方もない夢があった。一例を示そう。抗生物質は微生物によってつくられ，病原菌や癌細胞の増殖を阻止する働きがある。抗生物質の多くは放線菌によってつくられるが，この微生物は大腸菌に比べて増殖速度が遅い。そこで，繁殖力の強い細菌に抗生物質をつくらせれば，大量にその物質が得られる結果，それを安価に供給できるかもしれないと。また，抗生物質の産生遺伝子を組み合わせて，新規の抗生物質を創生できる可能性も考えられる。このように，遺伝子組換え技術は，原理的には生物のもつ能力から生じるすべての物質を生産しうる可能性を秘めている。

1970年代初頭に確立された遺伝子組換え技術は，1985年に発明されたPCR (polymerase chain reaction) 法によってさらなる発展を遂げた。実際，PCR技術を開発したアメリカのマリス (K. B. Mullis) は，その功績によって1993年度のノーベル化学賞を受賞した。ちなみにPCR法とは，1個のDNA断片から1,000億個以上のコピーをたった数時間で作り出す画期的な技術であり，今や遺伝子組換え研究には欠かすことのできない方法である。さらにいえば，この技術は，分子遺伝学のほか，犯罪科学（鑑識），スポーツ医学，考古学などの分野にも大きく貢献している。

「ヒトゲノムの全貌ほぼ解明」とのニュースが，最初に世界を駆け巡ったのは2000年6月。そのニュースに驚嘆した生命科学者や製薬会社は，「これで病気の原因遺伝子はすぐに特定できるし，その病気に対する特効薬も実現可能」と過大評価した。しかしながら，その当時は単にヒト遺伝子の塩基配列がわかったということだけであり，遺伝子のすべての働きや機能がわかったわけではないと批評する人もいた。

A，G，T，Cといった暗号で書かれている塩基配列情報が得られると，次は，タンパク質情報をもった染色体上の場所を特定し，さらに，そのタンパク質の構造と機能を明らかにする作業が必要である。タンパク質の機能解析はゲ

ノム解析後に行われることから，ポストゲノム解析とか，もう少し限定して『プロテオーム解析』または『プロテオミクス』と呼んでいる。今や，科学者のなかには，特定した遺伝子によってコードされるタンパク質の機能と構造の解明に精力を注いでいる人もいる。その一つがタンパク質の立体構造の解明である。

　本書の出版は，医・薬・農・理工系学部などで生命科学を修めようとする学部生に対し，遺伝子操作の基本原理や遺伝情報の解読法を解説するとともに，タンパク質のアミノ酸配列や立体構造を解き明かす原理をわかってもらうために計画した。ところが，今の高校では，物理，化学，生物などの教育科目が選択制となっているので，例えば，高校で物理を取らなくとも医学部に入学できる。そのような大学生に対し，タンパク質の二次構造や立体構造を決めるために使われる，円偏光二色性（CD）や核磁気共鳴（NMR），それにX線回折などの基本原理をイメージしてもらうのは至難のわざである。実際，「偏光」を理化学辞典（岩波書店）でひくと，「偏光とは，一般に進行方向に垂直な面内で互いに直角方向に振動する成分が合成されたものと考えることができ，電場ベクトルの成分が……」と記載されている。その記述は著者にも理解するのが難しい。しかし，関連分野のテキストをいくつか調べた限りでは，その記述は専門用語がびっしりと書き込まれ，難しい言葉をそのまま使って書かれたものが多い。そこで，本書の執筆にあたっては，専門用語の羅列はできるかぎり避け，内容的にはストーリー性をもって，気軽に読める科学啓蒙書的な教科書づくりを目ざした。それでもなお，本書を理解するのは難しいと指摘されるに違いない。さらに，ここに取り上げた項目は著者らの独断と偏見に満ちており，読者からあまりに片寄った内容で，教科書としてはふさわしくないとお叱りを受けるかもしれない。

　本書では，著者らの研究分野の周辺領域における話題を織りまぜながら，遺伝子とタンパク質の構造と機能をいかに解き明かすかを解説する。この著書を通じて，読者が遺伝子やタンパク質に興味を抱いてくれれば，著者らにとってこの上ない喜びとなろう。なお，本書は3人で執筆したが，文脈や文体を統一するために，最初に書き上げた原稿をかなり修正してしまった感がある。も

し，本書の記述に誤りがあれば，これらはすべて著者代表の責任である．本書の出版にあたり，原稿のできあがりを忍耐強く見守って下さった共立出版(株)の横田穂波氏に，この場をお借りして深く感謝申し上げる．また，本書の刊行にあたり，2001年に出版した「遺伝子とタンパク質の分子解剖」の記述から転用した箇所があり，その当時，執筆者のおひとりでありました滝澤 昇先生（岡山理科大学教授）に深謝申し上げたい．

2013年8月

著者代表　杉山　政則

目　　次

1. **遺伝子科学の幕開け** ……………………………………………… 1
   - DNA発見の歴史　1
   - 遺伝子研究が与えたインパクト　7
2. **遺伝子操作に必要な道具** ………………………………………… 9
   - 遺伝子組換え実験を安全に行うために　9
   - 遺伝子操作に使用される道具　10
   - 制限酵素　11
   - ベクター　14
   - 細胞への遺伝子導入　19
3. **遺伝子の基本構造と転写の誘導** ………………………………… 22
   - 遺伝子の基本構造と制御機能　23
   - プロモーターと転写のプロセス　24
   - ラクトースオペロン　26
   - トリプトファンオペロン　29
   - 真核生物の遺伝子と転写・翻訳系の特徴　33
4. **遺伝子を解析する手法** …………………………………………… 36
   - サザンブロッティング法〜目的DNAの解析〜　36
   - ノーザンブロッティング法〜目的RNAの解析〜　38
   - コロニーおよびプラーク・ハイブリダイゼーション法　39
5. **遺伝情報を解読する** ……………………………………………… 41
   - 塩基配列決定の基本原理　41
   - 超高速シークエンシング法　48
   - インターネットを利用した遺伝情報の解析　50

6. 試験管内遺伝子増幅技術とその応用 ……………………52
　　試験管内で遺伝子を増やす PCR 法　　52
　　PCR 法で何ができるか　　55
　　PCR 産物の直接シークエンス　　60
　　リアルタイム PCR 法　　61
7. 遺伝子の発現量を測定する ……………………64
　　半定量および定量 RT-PCR　　64
　　DNA マイクロアレイ解析　　66
　　クロマチン免役沈降法による転写調節因子結合部位の網羅的解析
　　　67
8. 遺伝子に人工変異を与える ……………………70
　　ランダム変異法　　71
　　部位特異的変異法　　72
9. RNA により遺伝子の発現を制御する ……………………74
　　RNA 干渉を利用した遺伝子発現抑制　　74
10. タンパク質の基本知識 ……………………77
　　カラムクロマトグラフィー　　78
　　タンパク質のサイズを知る　　83
　　タンパク質のアミノ酸配列を決める　　88
　　アミノ酸とタンパク質の関係　　94
　　光で知るタンパク質の二次構造　　97
11. 遺伝情報を翻訳する ……………………104
　　遺伝暗号　　106
　　異種タンパク質の効率的な生産法　　108
12. タンパク質の三次元構造を知る ……………………118
　　タンパク質の X 線結晶構造解析　　119

おわりに ……………………129
参考図書 ……………………133
索　　引 ……………………135

1. 遺伝子科学の幕開け

DNA 発見の歴史

　地球に生物が誕生したのは35億年前。それ以来，生物はすべて遺伝子をもち，その遺伝情報に従って子孫をつくってきた。遺伝子は，時に変化が起こり，それが定着すると子孫に変異として現れる。それが生物の歴史の中で進化という形で推移してきた。

　DNAの存在が初めて認識されたのは1869年。スイスのミーシャ（F. Miescher）によって見つけられた。彼はドイツのチュービンゲンにいた生理化学者ホッペーザイラー（E. F. I. Hoppe-Seyler）のもとで，白血球の細胞核成分の研究をしていた。この中に，リン酸を含み，かつ，色素で染まる物質を見いだした。この物質は核から抽出されるので，ヌクレイン（nuclein）と名づけられた。その後，有機化学者たちによって，ヌクレインが塩基と糖とリン酸から構成されていることが明らかとなり，核酸（deoxyribonucleic acid：DNA）と呼ばれるようになった。

　遺伝子の本体がDNAであるとの考えは，実は，肺炎双球菌（*Streptococcus pneumoniae*）の研究から生まれたのである。1928年，イギリスの微生物学者グリフィス（F. Griffith）は，肺炎双球菌の仲間でありながら無毒の菌に，熱で殺した病原性肺炎双球菌を混ぜると，有毒に変わることを発見した。この変化が遺伝的な転換であることは，新しく病原性を獲得した菌の子孫も，やはり他の無毒の肺炎双球菌に病原性を与えるという実験によって証明された。このことは，『病原菌がたとえ熱で殺されても，その遺伝因子は損傷を受けないばかりか，殺された菌から抜け出し，非病原菌の細胞を通過して，その細胞の遺伝因子と遺伝的に置き代わる』ということを意味している（**図 1-1**）。

　1944年，米国ロックフェラー研究所のアベリー（O. T. Avery）らは，肺炎双球菌における形質転換誘導物質の化学的性質に関する論文を発表した。具体

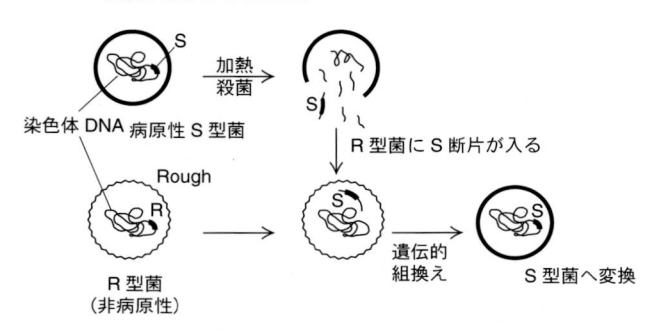

図 1-1 肺炎双球菌の非病原性 R 型菌から S 型菌への形質転換
　S̲ 病原性遺伝子を示す。

的に説明しよう。肺炎双球菌を顕微鏡で見ると，表面がなめらかな Smooth (S) 型と表面がざらざらした Rough (R) 型がある。S 型の菌を注射するとネズミは死んでしまうが，R 型では死ななかった。すなわち，S 型肺炎双球菌は病原性をもつが，R 型は非病原性である。アベリーは S 型と R 型を別々に培養したのち，S 型から DNA を取得した。それを R 型菌の培養液に加えたところ，R 型が S 型に換わったのである。そして，このように菌の形質が換わることを形質転換（transformation）と呼んだ。このとき，膵臓から分離精製した DNA 分解酵素（デオキシリボヌクレアーゼ）を加えた場合には，R 型から S 型への形質転換は起こらないことをアベリーは確かめたのである。デオキシリボヌクレアーゼは当時精製されたばかりであり，DNA を分解するが RNA やタンパク質は分解しない。また，同じ膵臓から取り出したリボヌクレアーゼ（RNA 分解酵素）やタンパク質分解酵素を加えても形質転換活性には影響しなかった。

　シャルガフ（E. Chargaff）はオーストラリア生まれの科学者である。彼は，1940 年代後半，DNA を構成する塩基の分析を行い，どのような生物でも，その DNA 中のグアニンとシトシンの量は等しく，アデニンとチミンの量も等しい（**表 1-1**），また，プリン対ピリミジンの比も 1：1 であるという経験則を得た。ちなみに，A：G や T：C の比については 1 にならず，生物試料によって 0.4 から 2.7 まで変化している。

表 1-1 シャルガフの経験則を導くデータ

生物	アデニン対グアニン	チミン対シトシン	アデニン対チミン	グアニン対シトシン
ウシ	1.29	1.43	1.04	1.00
ヒト	1.56	1.75	1.00	1.00
ニワトリ	1.45	1.29	1.06	0.91
サケ	1.43	1.43	1.02	1.02
コムギ	1.22	1.18	1.00	0.97
酵母	1.67	1.92	1.03	1.20
大腸菌 K12	1.05	0.95	1.09	0.99
バチルス属細菌	0.7	0.6	1.12	0.89

J. Biol. Chem. 177 (1949) より抜粋

　1950年から1952年にかけて，ロンドンのキングスカレッジで研究していたウィルキンス (M. H. F. Wilkins) とロザリント・フランクリン (R. Franklin) は，みごとなDNAのX線回折像の撮影に成功したのだった。その写真から判断すると，DNAの基本構造はラセンであり，2本あるいは3本のポリヌクレオチド鎖からできていると推察された。しかし当時は，DNAの共有結合（ホスホジエステル結合）の性質がやっと明らかにされたばかりだった。DNAのヌクレオチドを規則的に結びつけているのは3′, 5′ホスホジエステル結合であることを初めて示したのはケンブリッジ大のトッド (A. Todd) のグループであった。

　DNAの立体構造は，イギリスにいたワトソン (J. D. Watson) とクリック (F. H. C. Crick) によって示された。彼らが正しい答えを得ることができたのは，X線回折像と矛盾せず，立体化学的にも最も可能性の高い構造を探す努力をしたからであった。

　ワトソンらの提唱した二重ラセンモデルでは，2本鎖が水素結合により塩基間で対をつくっている（**図1-2**）。水素結合とは，同じ分子の中や分子同士で窒素，酸素などの負の電荷をもちやすい原子が水素原子を仲立ちにして軽く手をつなぎあっている状態をいう。核酸の塩基が横に並んだとき，アミノ基の窒素がこれに結合している水素の一つを仲立ちにして，もう一つの塩基のケト基の酸素に軽く結合した状態である。この塩基対は特異的で，アデニンはチミン

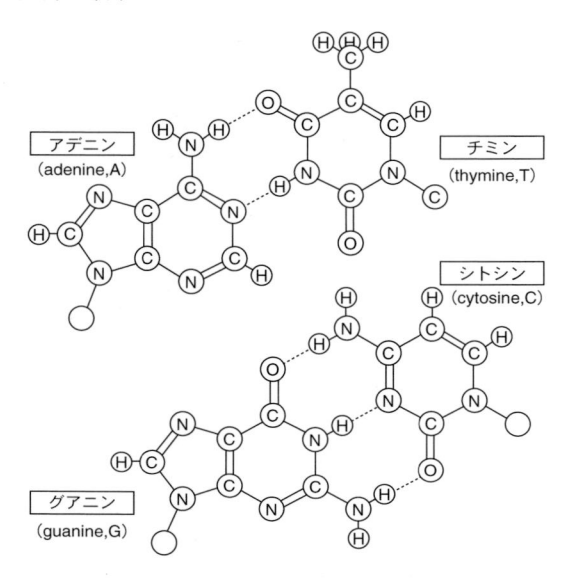

図 1-2　DNA 塩基間の水素結合
水素結合は A と T との間で二つ．C と G との間で三つが形成される．…は水素結合を表す．

と，グアニンはシトシンとしか組み合わない．これを塩基の対合（base pair）と呼ぶ．したがって，二重ラセン DNA は A の数は T の数と等しくなければならない．同様に，G と C の数も同じでなければならない．すなわち，二重ラセンの 2 本鎖の塩基配列は互いに相補的な関係をもち，1 本のラセンの塩基配列が決まれば，相手の塩基配列はおのずと決まってしまう．弱冠 25 歳のワトソンと 37 歳のクリックが，DNA のラセンの中で塩基二つが水素結合で対をつくっていると考えたとき，シャルガフの経験則がこの考えの中で生きていたのである．

　彼らが考案した DNA の二重ラセン構造モデルは，遺伝子としての性質を的確に表している．すなわち，DNA が複製されるとき，全く同じ分子を繰り返しつくることが可能である．2 本の鎖が 1 本鎖に分かれながら，その 1 本鎖を鋳型として DNA 塩基が取り込まれつつ，新しい 1 本鎖が合成される．その結果，二つの二重ラセン構造の DNA ができあがる（**図 1-3**）．

　DNA を沸騰水中に置くと，水素結合が切れて相補鎖が分離し 1 本鎖となる．この現象を変性（denaturation）という．その際，GC 含量の多い DNA

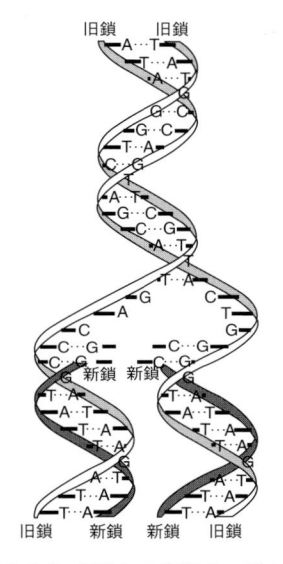

図 1-3 DNA の複製のモデル

分子は，AT に富む分子に比べて高温でも鎖が解けにくい．なぜならば，AT 塩基対には水素結合が二つしかないのに，GC 塩基対にはそれが三つもあるからである．このような DNA 分子の解離は不可逆ではなく，可逆的である．というのは，加熱により変性させた DNA 溶液をゆっくり冷やすと，1 本になっていた相補鎖が再び正常な二重ラセンを構成できるからである．

平面状の環状分子は，DNA と結合する際に二重ラセンの塩基対の間に入り込む．これをインターカレーション（intercalation）と呼んでいる．このようにして入り込んだ環状分子は，DNA の合成を阻害する物質として働き細胞の増殖を阻害する．インターカレーター，例えば，エチジウムブロミドや抗癌剤アクチノマイシン D は，塩基の間に入り込み，DNA をほどいてしまう（**図 1-4**）．

ワトソンとクリックによる DNA 二重ラセンの構造が明らかにされたのが 1953 年 4 月で，これが分子生物学という学問の出発点となったといえる．その後，「DNA の構造と複製の機構」に関する研究や，「遺伝情報の発現」に関する研究が急速に進み，遺伝暗号の解読につながった．

二重ラセンの発見から 5 年も経たないうちに，DNA 複製時には相補鎖の分

図 1-4　DNA へのエチジウムブロミドのインターカレーション
━━ は EB を示す。

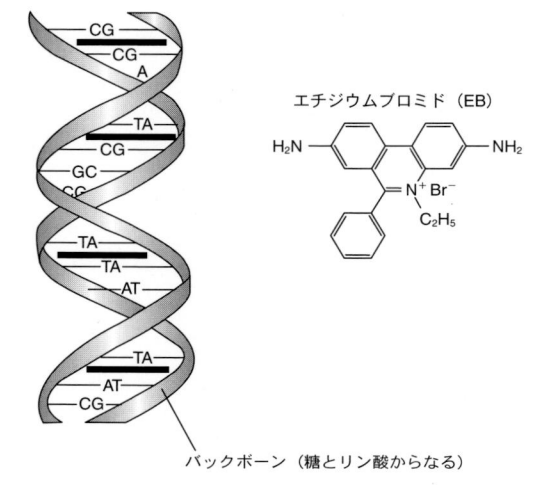

離が起こるという証拠と，DNA だけが DNA 合成の鋳型となることを示す証拠があいついで得られた。それはカルフォルニア工科大学のメセルソン（M. Meselson）とスタール（F. Stahl）の華麗な実験によって証明された。彼らは，重い同位元素である ^{13}C と ^{15}N を大量に加えた培地で大腸菌を培養すると，天然に多く存在する同位元素（^{12}C と ^{14}N）を含む培地で生育させた大腸菌の DNA より重い DNA をもつことになるであろうと考えた。重い DNA は塩化セシウム中で遠心すると軽い DNA と簡単に分離できる。次に，重い DNA をもつ大腸菌の細胞を軽い ^{12}C と ^{14}N の入った培地に移してから 1 回分裂させると，すべての重い DNA は軽いものとの中間の密度をもつ DNA に置換された。重い DNA がやがて消失するのは，二重ラセンをなす相補的鎖がそのまま 2 本鎖中にはとどまらないことを意味し，重い DNA が重いものと軽いもののハイブリッドの密度のものにとって代わられるのは，半保存的な複製（semi-conservative replication）が行われることを表している。ちなみに，この実験を進めたとき，メセルソンは弱冠 27 歳の大学院生であった。

遺伝子研究が与えたインパクト

　地球上に存在するすべての生物の遺伝を決めているのが遺伝子である。遺伝子の本体はDNAであるとの発見がなされてから以降，DNAの立体構造とその複製機構，DNAからRNAへの転写のメカニズム，RNAからタンパク質への翻訳のステップなど，次々に明らかにされていった。この時代が，分子生物学の黎明期といえよう。短絡的にいえば，この時代に，遺伝子がどのようなタンパク質をつくるかを決めていることがわかったのである。その後の分子生物学のパラダイムといえば，試験管内での遺伝子組換えとPCRであろう。

　ヒトゲノムの塩基配列の解読を目的とする研究は1984年に最初に提案され，実際の解読作業は1991年にスタート，2000年6月26日にそのドラフト解析の結果が，共同記者会見という形で公表された。そこに同席した米国の大統領クリントン氏は，『今世紀の科学の進歩の中で最高の発見だ！』と，ヒトゲノム塩基配列のほぼ全体像を捉えることができたことをそう誉め称えた。そのプロジェクトを推進してきたのは，アメリカ，イギリス，日本，ドイツ，フランスおよび中国からなる国際チームであった。興味深いことに，この記者会見には，アメリカのベンチャービジネス会社であるセレーラ・ジェノミクス社の研究者も同席していた。国際チームが発表した塩基配列の概要は，その時点で全ゲノムの86％をカバーしていた。最終的にヒトゲノムの解読作業が完了したとの宣言は2003年4月14日に行われ，その時点でのヒトの遺伝子数の推定値は3万2615個と報告された。しかしながら，その後の解析によりこの推定値が誤りであることが判明，新たな推定値は2万1,787個であると2004年10月21日付の英国の科学雑誌「ネイチャー」に掲載された。

　最近，新しい塩基配列決定法，いわゆる「高速シークエンス法」が開発され，ターゲット生物の全ゲノム配列がきわめて短時間で決定できる時代となった。今や，解読された遺伝情報は，日本のDDBJ，欧州のEMBL，米国のGenBankがもつ膨大なDNAデータベースからリアルタイムで得ることができる。他方，知的財産権や特許上の問題で，ゲノム配列が公開されていない微生物や，現在全ゲノムのドラフト解析が進んでいる微生物も考慮すると，さらに多くのゲノム情報がこの世の中にあるものといえる。

先にも述べたように、ヒトゲノム計画が提案されたのが1984年で、実際にスタートしたのは1991年であった。大幅に遅れた理由として、最初は、解読するために必要なヒトゲノムを断片化したあと、それら断片の染色体上での位置を決める作業、いわゆる、DNA断片のマッピングにかなり手間取った。また、塩基配列を決定するのに必須な自動シークエンサーの解析速度は、今日のタイプと比較するときわめて遅かったのである。シークエンサーの解読速度が飛躍的に向上したのは1997年に入ってからである。実際、2000年6月26日に公表された全塩基配列の50%は、2000年にはいって解読されたものと思われる。

ヒトゲノムの解読を会社の事業の柱とする「セレーラ」社は1998年8月に設立され、1999年9月から解読を始めた。300台の自動塩基配列解読装置（シークエンサー）をそろえ、1年で全ヒトゲノムを解読した。これはまさに、当時の最新鋭のシークエンサーを駆使した成果である。ゲノム解析がすむと、次に何が行われるのであろうか？ 具体的には、ゲノムに書かれているさまざまなタンパク質が、いったいどのような機能を果たしているのかを調べたり、タンパク質の立体構造の解析を行ったりする。ちなみに、2005年に登場した次世代DNAシークエンサーは、従来のキャピラリー式のシークエンサーと比べると、解読スピードやコスト面においてきわめて有利となり、ゲノム関連研究に大きなインパクトを与えている。

以後の章では、次世代DNAシークエンサーの原理などを含め、遺伝子とタンパク質の構造と機能を知るための方法などを解説する。

2. 遺伝子操作に必要な道具

遺伝子組換え実験を安全に行うために

● カルタヘナ法

　国際条約の一つに生物多様性条約がある。その第19条3項には，「バイオテクノロジーによって改変された生物であって，生物多様性の保全および持続可能な利用に悪影響を及ぼす可能性のあるもの」について，「安全な移送，取り扱いおよび利用の分野における適当な手続き」を定める議定書の必要性を検討することが求められ，これは発展途上国を含んだ国際問題と関連していることから，議定書の締結が必要となった。

　2000年1月，特別締約国会議の再会合において，「生物の多様性に関する条約のバイオセーフティに関するカルタヘナ議定書」が採択された。カルタヘナ議定書は，遺伝子組換え技術等の「現代のバイオテクノロジーによって改変された生物 LMO（Living Modified Organism）の国境を越えた移動」に焦点を絞って規制の枠組みを定めている。日本では2003年11月にカルタヘナ議定書を批准した。そして，この議定書を担保するために「遺伝子組換え生物等の使用等の規制による生物の多様性の確保に関する法律」（カルタヘナ法）をつくり，2004年2月19日をもって施行されている。ちなみに，わが国では，それまで遺伝子組換え等を規制するものとして，「組換え DNA 実験指針」があった。次に，カルタヘナ法の概要について以下に述べる。

　カルタヘナ法における生物として取り扱われるものとしては，動植物の固体，動植物の配偶子，動物の胚・胎児，植物の種子・種芋・挿し木，ウイルスおよびウイロイドであり，死んだ動植物の固体やヒトの固体・配偶子・胚・培養細胞・臓器は対象としない。さらに，種なし果実も生物としては扱わない。また，遺伝子組換え，もしくは異なる科に属する生物の細胞融合によって得られた核酸を含む生物（ウイルス，ウイロイドを含む）を対象とする。

使用等の態様は，大気，水，土壌などへの拡散を防止する「第二種使用等」と，それを意図しない遺伝子組換え作物の栽培などの「第一種使用等」に分けられる。第一種使用等では，その事前承認や届出の義務を課している，また，第二種使用等では，組換え生物が拡散しないための安全措置を講ずる義務を定めているほか，輸出入の際の情報提供や，法令の違反に対するような行為を行ったときの罰則規定も定めている。ちなみに，カルタヘナ法では，動物培養細胞は生物ではないと規定していることから，本法律の対象からは除外された。ただし，遺伝子組換え培養細胞を動物に接種した場合は，その動物が遺伝子組換え動物として法律の対象となることを知っておく必要がある。

遺伝子組換え生物等の使用によって，具体的にはどのようにして生物の多様性に悪影響を及ぼすことが考えられるのだろうか？　その答えとしては，使用する遺伝子組換え生物が，①生態系に侵入して他の野生生物を駆逐する。②近縁の野生生物と交雑してその野生生物種を減少させる。③有害物質等を産生し，周辺の野生生物を減少させること，が考えられる。すなわち，結果として，野生生物の種や個体が縮小し，絶滅に至る可能性がある。

カルタヘナ議定書のための会合は，概ね2年に一度，締約国会合（The Conference of the Parties serving as the meeting of the Parties of the Protocol：COP-MOP または MOP）が開催され，現在，157カ国＋ヨーロッパ連合が締約国となっている。

生物多様性条約（CBD）とカルタヘナ議定書は親子のような関係にあり，モントリオール（カナダ）にある生物多様性条約事務局がカルタヘナ議定書の事務局も兼ねている。

遺伝子操作に使用される道具

遺伝子組換え実験には，DNAの特定の塩基配列を認識して切断する酵素，すなわち，制限酵素が必要である。国産の制限酵素が初めて販売されたのは1979年。それは *Eco*RI が米国で発見されて15年目のことであった。その後，次々と新しい制限酵素が発見され，すでに350種ほどが報告されている。もはや，ほぼ発見され尽くしたといってよいのかもしれない。

遺伝子研究をスタートさせた頃，著者らは制限酵素を宝石にでも触るように慎重に取り扱ったものであった。わずか1マイクロリットル（1 μl：涙1滴の数十分の一）の酵素溶液をきわめて大切に使っていたのを昨日のことのように覚えている。国産の制限酵素が販売され始めた頃は全部で54種類しかなかった。それから増え続け，今では国産が125種類，外国のものを加えると何と200種類を超える制限酵素が市販されている。

　制限酵素の市販が始まった当時，*Bam*HI（2,500 units）が5,000円，*Eco*RI（5,000 units）が6,000円であった。現在では，遺伝子組換え体を用いて生産されるようになったおかげで，*Bam*HIが10,000 unitsで5,000円，*Eco*RIが10,000 unitsで5,000円となり，酵素活性あたりの価格が大幅に低下している。しかし，この価格でさえも，化学試薬と比べるとかなり高いという感はぬぐえない。

　遺伝子組換え実験には，制限酵素以外にも必要なものがある。DNA同士を連結するリガーゼ（DNA ligase），DNAを合成するポリメラーゼ，遺伝子を運ぶベクター（vector），そして遺伝子の受け皿である宿主（host）などがそれである。遺伝子操作に必要なこれらツールの開発は，かつて，大学やベンチャー企業を中心に行われていたが，今や大企業を中心に開発・生産されている。現在，わが国では，世界中のバイオツールを即座に入手できる状態にあり，研究に支障をきたすことはほとんどない。

制限酵素

　この酵素は菌株特異的に産生されるDNA加水分解酵素（エンドヌクレアーゼ）の一つであり，もともと大腸菌に感染するファージの研究中に見いだされたのであった。

　ファージ（phage）は微生物に寄生するウイルスであり，バクテリアに寄生するウイルスを，とくにバクテリオファージと呼んでいる。大腸菌に寄生し増殖するファージには何種類もある。ラムダ（λ）は大腸菌の野生株（wild type）の一つのC株中で増殖するファージの一つである。あるとき，λファージを大腸菌の他の野生株であるK株中で増殖させようとしたところ，C株への感染

の1万分の1以下とその感染率はきわめて低かった。それでもK株でわずかに増殖するファージを取り出し再びK株に感染させたところ，今度はK株内での増殖が飛躍的に高まった。この現象を詳しく調べた成果として，K株では外からファージDNAの侵入があると，その株の産生する制限酵素が働いてそのDNAを切断してしまうこと，K株はDNAの塩基をメチル化する酵素ももっていることなどがわかってきた。言い換えれば，K株には"制限・修飾"の機能が備わっていたのである。先に述べた現象にもう少し説明を加えてみる。K株の中で偶然切断されなかったλファージDNAは，K株のつくるメチル化酵素により修飾作用を受けたことにより，これを再びK株に感染させても今度は制限酵素による切断を受けず，したがってK株内でλファージの増殖を許した。このように，制限酵素は本来，外敵のDNAを切断して排除するために存在するといえる。自己のDNAは，メチル化酵素などによって修飾を受けているため，自己の制限酵素では切断されない。このような自己防衛機構は制限・修飾系と呼ばれ，哺乳類の免疫システムと同じく侵略者であるファージから自らを守る重要な役割を担っている。

いろいろな微生物から新しい制限酵素が次々に発見されてくると，統一的な命名法が欲しくなる。1973年，スミスとナタンス (H. Smith & D. Nathans) は，次のような命名法を提案した。①学名の属を示す語の最初の1文字と種を示す語の最初の2文字よりなるイタリックの3文字で，その制限酵素をつくる微生物名を表す。例えば，*Escherichia coli* のつくる制限酵素は *Eco*，*Haemophilus influenzae* のそれは *Hin* とする。同じ大腸菌でも，②菌株または型が違う場合，例えば，K株のつくる制限酵素は *Eco*$_K$ と，すこし下げて小さく書く。制限修飾系が遺伝的にウイルスまたはプラスミドで決められている場合は，宿主の種名の略称の後に染色体外因子の名称をすこし下げて書く。例えば *Eco*$_{P1}$，*Eco*$_{RI}$ と記す。③一つの宿主がいくつかの異なった制限修飾系をもっているときには，ローマ数字をつけて区別する。そこで *H. influenzae* の3種の酵素は，それぞれ *Hin*dI，*Hin*dII，*Hin*dIII と呼ぶ。④すべての制限酵素は一般名として Restriction の R を冠し，そのあとに個別の酵素名をつける。例えば，エンドヌクレアーゼ R.*Hin*dIII とする。同じく修飾酵素には，Methylase の M を冠する。そこでエンドヌクレアーゼ R. *Hin*dIII に対応する

H. influenzae 株の修飾酵素は，メチラーゼ M. HindIII となる。しかしながら，上記の命名法はかなり煩雑であることから，今や次のように簡略化されている。すなわち，一段下げた数字や文字は同じ線上に並べて書く。また，明らかに制限酵素とわかる場合にはエンドヌクレアーゼ R を省略する。この命名法に従うと，EcoRI や HindIII と表現される。その後，制限酵素は DNA の切断個所に特異性を示さない I 型と，特異性を示す II 型の二つのタイプがあることが明らかとなった。遺伝子工学で用いられるのは II 型の制限酵素である。表 2-1 に遺伝子工学でよく使用される II 型制限酵素の例を掲載する。

　II 型制限酵素の認識配列を見ると回転対称軸をもっていることがわかる。例えば，EcoRI は矢印で示すところを切断し，点線のところが対称軸となっ

表 2-1　主な制限酵素の認識・切断パターン

制限酵素名	認識・切断パターン	起　源
BamHI	G↓GATCC CCTAGG↑	Bacillus amyloliquefaciens H
EcoRI	G↓AATTC CTTAAG↑	Escherichia coli RY13
EcoRV	GAT↓ATC CTA↑TAG	Escherichia coli J62PLG74
HindIII	A↓AGCTT TTCGAA↑	Haemophilus influenzae Rd
PstI	CTGCA↓G G↑ACGTC	Providencia stuartii 164
PvuII	CAG↓CTG GTC↑GAC	Proteus vulgaris
SalI	G↓TCGAC CAGCTG↑	Streptomyces albus G
Sau3AI	↓GATC CTAG↑	Staphylococcus aureus 3A

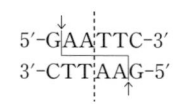

```
    ↓
5'-G AA TTC-3'                    5'-CCC GGG-3'
3'-CTT AA G-5'                    3'-GGG CCC-5'
                                         ↑
```

図 2-1　*Eco*RI の認識配列　　　　図 2-2　*Sma*I の認識配列

ている。図 **2-1** に示す DNA の 2 本鎖のうち，上の 1 本鎖の 5′ 側から塩基配列を読むと GAA となり，破線で示した対称軸のところで下の鎖に移ると AAG となる。これを続けて読むと GAAAAG となる。

このような配列を回文構造あるいはパリンドローム（palindrome）という。すなわち，「たけやぶやけた」のように，前から読んでも後ろから読んでも同じ配列を示す。また，*Eco*RI で DNA を切断すると，その末端は 5′-側が突き出た形になる。このような切断様式をもつ制限酵素は 5′-突出型と呼ばれている。また，その切断末端の形状は『糊しろ』のように見えるので粘着末端（cohesive end）と呼ばれ，相補的な塩基配列が近づくと，水素結合を形成して DNA 断片同士が再結合できる。ただし，リン酸ジエステル結合は修復されないままになっている。また，*Sph*I のような 3′-末端が突き出たタイプの制限酵素もあり，その切断末端は 3′-粘着末端と呼ばれる。

一方，*Sma*I は図 **2-2** に示すような配列を認識し，矢印のところで切断する。これは平滑末端（blunt end）と呼ばれている。

ベクター

ベクターには，ラテン語で"運ぶ者"という意味がある。遺伝子工学において，ベクターとは外来の遺伝子を組み込み，宿主細胞中で自立的に複製できる DNA のことを意味する。まさに，遺伝子の運送業者である。ただし，単なる運送業者ではなく，いったん預けた荷物をたくさん増やしてくれる。一般的には，宿主細胞内で自己複製能のあるプラスミド，ファージやウイルス，また人工染色体などがベクターに仕立てられている。しかし，特殊なベクターとして，宿主細胞で自立的複製のできない DNA で，しかも，宿主の染色体に組み込まれるタイプもある。ただし，このタイプは遺伝子の回収ができない。

遺伝子操作で用いられるベクターは，以下の条件を満たす必要がある。①

宿主細胞内でベクターが安定に維持されること。②ベクター中に，ユニークな制限酵素切断部位（クローニング部位）を複数個有すること。③ベクターが宿主細胞から簡単に回収できること。④ベクターの宿主域が広いこと。⑤できるだけベクターのコピー数が高いこと。ただし，目的遺伝子産物が宿主に対し増殖阻害を与える場合には，その限りではない。⑥ベクターの導入，ならびに外来DNAの挿入が容易に確認できる選択マーカーを有すること。例えば，薬剤耐性遺伝子と色素産生遺伝子など，ダブルの選択マーカーを保有していることが望ましい。

遺伝子操作技術の改良とともに，さまざまな宿主に対応する各種ベクターが開発されている。例えば，遺伝子の単離を目的としたクローニングベクター（cloning vector），大腸菌/酵母，大腸菌/枯草菌のように，2種の生物間を往来できるシャトルベクター（shuttle vector），目的の遺伝子を宿主細胞内で効率よく発現させる，いわゆる発現ベクター（expression vector），プラスミドとファージの両方の性質をもつコスミドベクター（cosmid vector），DNA塩基配列を決定するときに使われる1本鎖DNAを得るためのM13系ベクターなど，目的に応じたさまざまなベクターが開発されている。繁用されるものは，さらに改良が繰り返され，今やかなり使いやすいベクターとなっている。

ヒトや微生物にかかわらず，その遺伝子をクローニングしたり発現する際のツールとして，大腸菌の宿主・ベクター系（host vector system）がよく利用される。実際，大腸菌で機能するベクターは，他の宿主・ベクター系と比べると格段に使いやすい。その中で，最もよく利用されているのがpUC系ベクターである。

図2-3に示したpUC18（pUC19）は，2.7kb程度の比較的小さいサイズのプラスミドベクターであり，大腸菌細胞内で複製するための複製起点（*ori*と呼ばれる）をもっている。また，このベクターには，各種の制限酵素で切断した遺伝子を連結できるよう，マルチクローニングサイト（MCS）と呼ばれる，そのベクター上に一つずつしかない各種制限酵素サイトの並んだポリヌクレオチド配列をもっている。pUC18とpUC19との違いはこのMCSの向きが逆になっていることだけである。さらに，pUC18（pUC19）は，薬剤耐性マーカーとして，アンピシリン耐性遺伝子（*amp*）を有する。*amp*によってつくら

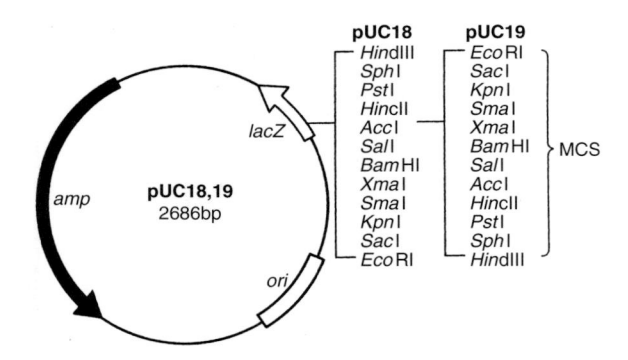

図 2-3 クローニングベクター pUC18 の構造
pUC18 と pUC19 は MCS に含まれる制限酵素サイトが互いに逆向きである以外は同じ構造である。*amp*，アンピシリン耐性遺伝子；*ori*，複製開始領域；*lacZ*，β-ガラクトシダーゼの α-フラグメントをつくる遺伝子；MCS，マルチクローニングサイト

れるタンパク質は β-ラクタマーゼであるため，pUC18 の導入された大腸菌はアンピシリンを加水分解する能力を獲得する。

　pUC18 ベクターには *amp* 以外にもう一つの選択マーカーがある。それは，乳糖を加水分解する酵素（β-ガラクトシダーゼ）をコードする遺伝子，すなわち *lacZ* であり，その遺伝子の 5′-側に隣接して MCS が配置されている。pUC ベクターを用いる場合，宿主大腸菌として β-ガラクトシダーゼ欠損変異株を使用する。その代表的な変異株として，TG1，JM109，HB101，DH5α などが知られている。なぜなら，β-ガラクトシダーゼの分子量は 100 kDa，遺伝子の長さにして 3 kb にもおよぶので，この遺伝子全体を選択マーカーとしてプラスミドに組み込むにはサイズが大きすぎる。そこで，β-ガラクトシダーゼの α-コンプリメンテーションという性質を利用する（**図 2-4**）。というのは，本酵素の N-末端から 146 番目までのアミノ酸を含むタンパク質断片（α-フラグメント）と，それより C-末端側のタンパク質断片（ω-フラグメント）はいずれも単独では乳糖を加水分解できない。しかしながら，両者が共存するとタンパク質複合体が形成され，結果として，β-ガラクトシダーゼ活性を発現できる。pUC18 には，α-フラグメントをつくる *lacZ* が配置され，ω-フラグメント合成能力を備えた大腸菌を宿主に用いると，ベクターと宿主とで互いに補い合って β-ガラクトシダーゼ活性を示す。すると，培地中に加えら

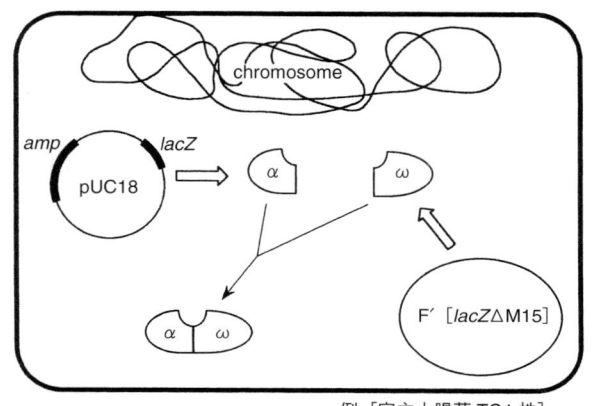

図 2-4　β-ガラクトシダーゼの α-コンプリメンテーション

れた X-gal（5-bromo-4-chloro-3-indolyl-β-D-galactopyranoside）が加水分解される。その結果，X-gal は糖部分と側鎖に切断され，側鎖由来のインジゴにより青色を呈する。すなわち，β-ガラクトシダーゼをつくるようになった宿主大腸菌は，そのコロニーが青色に染まるのである。pUC18 をベクターとし TG1 を宿主とした場合，実際には，アンピシリンと X-gal を含む栄養培地に，IPTG（isopropyl-β-D-thiogalactopyranoside）も加える。この物質は，発現抑制状態にある *lacZ* の転写を引き起こさせるための誘導剤（inducer）となる。

　ところが，たとえ IPTG を加えても MCS へ目的遺伝子を挿入すると，*lacZ* が分断される結果，α-フラグメントの発現が起こらない。したがって，pUC18 そのものを導入した場合，大腸菌は青いコロニーを形成するが，MCS に挿入を受けた pUC を導入した大腸菌は青くはならない。そのようなことから，ベクターを導入後，生育した大腸菌がアンピシリン耐性で，かつ，白いコロニーであれば，目的遺伝子のベクターへの挿入が確認できる。このように，視覚的に判別可能なベクターは遺伝子操作を行ううえでの有効な武器となっている。

　特定の遺伝子を分離し，ベクターに連結して宿主細胞に発現させると，遺伝子産物が得られるだけでなく，ベクターを回収してその遺伝子本体を解析する

こともできる。このように，遺伝子研究のためには目的とする遺伝子を分離しなければならない。特定の遺伝子を単離し，そのコピーを増やすことを遺伝子のクローニングという。図 2-5 に原核生物の遺伝子をクローニングするためのステップを示す。

まず，染色体 DNA とベクターをそれぞれ同じ *Bam*HI で切断するとしよう。その酵素で切断されたそれぞれの DNA 断片の末端にある 1 本鎖領域は，互いに水素結合を形成して 2 本鎖となり連結できる。しかしながら，水素結合ではリン酸ジエステル結合はつくられないので，厳密には二つの DNA はつながっていない。これを連結する役目は DNA リガーゼ（DNA ligase）が担っている。DNA リガーゼは，ポリデオキシリボヌクレオチドシンターゼ（polydeoxyribonucleotide synthase）とも呼ばれ，最初，DNA 複製や修復の

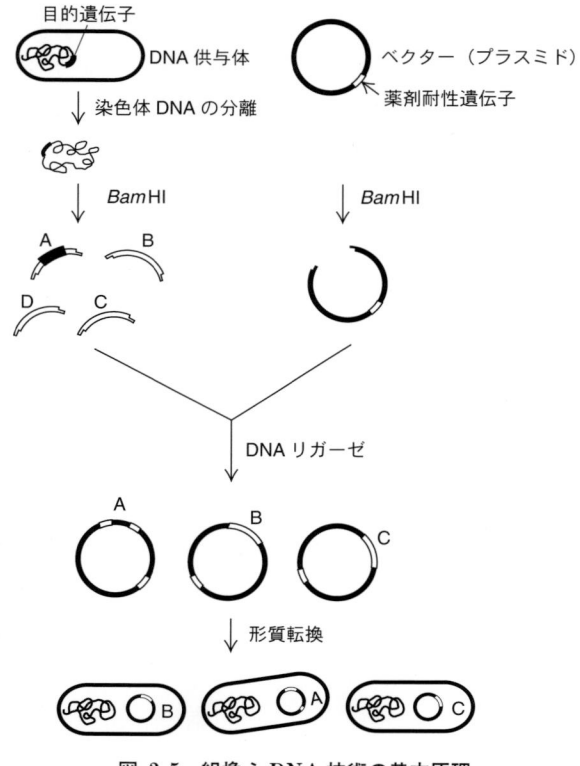

図 2-5 組換え DNA 技術の基本原理

時に必要な酵素として発見された。組換え DNA 実験では，大腸菌ファージである T4 ファージ由来の DNA リガーゼがよく用いられている。制限酵素と DNA リガーゼは，それぞれハサミと糊のような働きをしている。

一方，ヒトや酵母など，真核生物の遺伝子は複雑で，その遺伝子の発現のためには，ひと工夫が必要である。というのは，真核生物の遺伝子にはタンパク質をコードするエキソン（exon）と呼ばれる部分と，イントロン（intron）と呼ばれる領域が交互に並んでいるためである。ちなみに，イントロンは転写はされるものの，最終的に機能する転写産物からスプライシング反応によって除去されるため，アミノ酸配列には翻訳されない領域である。

真核生物の遺伝子を大腸菌でクローニングしてその遺伝子を発現させるためには，イントロンを除去する必要がある。そのため，真核細胞から成熟型 mRNA を抽出し，それを鋳型として逆転写酵素（reverse transcriptase）を用いて相補鎖 DNA（complementary DNA, cDNA）を作製する。次に，目的の cDNA 断片を含んだベクターを大腸菌ベクターに連結してから，効率良く宿主細胞に導入する操作が必要である。ちなみに，逆転写酵素は DNA ポリメラーゼの一種で，RNA 依存 DNA ポリメラーゼ活性と DNA 依存 DNA ポリメラーゼ活性をもつ。ふつう，ウイルス由来の逆転写酵素が使われている。

細胞への遺伝子導入

プラスミドをベクターとして用い，宿主細胞に導入することを形質転換（transformation）という。一方，ファージやウイルスベクターを導入する場合には，とくに感染（transfection）あるいは形質導入（transduction）と表現する。ファージの場合，ファージタンパク質を DNA と混合するだけで DNA を取り込んだファージ粒子が再構成され，宿主に対し感染力をもつようになる。そのようなことから，ファージベクターを用いる場合はこの性質を利用して遺伝子導入を行う。一方，プラスミドベクターの宿主への導入は，コンピテント・セル法，プロトプラスト法，およびエレクトロポレーション法のいずれかを用いて実施される。

❶ コンピテント・セル法

肺炎双球菌には，増殖の特定時期に DNA を取り込む能力がある。この取り込み能力をもった細胞をコンピテント・セル（competent cell）という。コンピテント・セルと DNA とを接触させることにより形質転換体を得る方法がコンピテント・セル法である。しかしながら，大腸菌にはコンピテンスの時期はない。そこで，対数増殖期中期の細胞を，20 mM 程度の塩化カルシウムや塩化ルビジウムなどで処理することで，コンピテント・セル状態を得ている。

大腸菌以外の宿主として，枯草菌（*Bacillus subtilis*）がよく用いられている。この細菌をアミノ酸飢餓状態の環境に置くと，コンピテント・セルを得やすい。また，真核生物の場合，コンピテント・セルとは呼ばないが，類似の遺伝子導入実験方法がある。例えば，酵母（*Saccharomyces cerevisiae*）では，リチウムイオンで処理するとコンピテント状態を獲得できる。また，動物細胞では，リン酸カルシウムや DEAE デキストラン，あるいはリポフェクトアミンなどを用いて遺伝子導入を行う。

❷ プロトプラスト法

植物や微生物の細胞には細胞壁が存在する。細胞内の浸透圧は外界に比べ少し高いので，0.3 M 程度のショ糖を用いた高張な溶液中で細胞壁分解酵素により細胞壁を消化すると，細胞壁が取り除かれ細胞膜のみで包まれたプロトプラスト（protoplast）が形成される。プロトプラスト細胞を含む高張液に DNA を加えた後，ポリエチレングリコール（polyethylene glycol：PEG）を作用させると，DNA のマイナス電荷が PEG で打ち消されマイナス電荷をもった細胞膜内への取り込みが可能となる。その後，プロトプラストを元の細胞の姿に戻す操作，すなわち，再生（regeneration）を行った後，DNA 導入細胞を選択する。プロトプラスト法は DNA 導入効率が良いため，コンピテント・セルが調製できない場合には，かなり有効な遺伝子導入手段となる。

❸ エレクトロポレーション法

コンピテント・セルの調製が困難で，かつ，プロトプラストの形成が不可能な細胞もある。そのような場合にはエレクトロポレーション（electroporation）法が有効である．原理は次のようである．すなわち，細胞の懸濁液に数千 V/cm の高電圧を数十 μs のパルスで加えると一時的に細胞膜に小孔が生じる．この状態はしばらくすると元にもどるので，小さな穴がふさがる前に DNA を加えて細胞に取り込ませるのである．この方法は，細胞の種類によってかける電圧が違ってくる．ただし，最適な条件を見つければ，再現性よく DNA を導入できるので，本方法は微生物から動植物細胞まで幅広く利用されている．

3. 遺伝子の基本構造と転写の誘導

　大腸菌はグルコースが大好物である．もし，栄養源としてグルコースとラクトース（グルコースとガラクトースからなる二糖類）が混ざっていると，大腸菌は必ずグルコースから食べ始める．グルコースを食べ尽くすとこれまで眠っていた遺伝子，すなわち，ラクトース分解酵素をつくる遺伝子のスイッチがオンになる．その結果としてつくられた酵素である β-ガラクトシダーゼ（β-galactosidase）が，ラクトースをグルコースとガラクトースに加水分解し，大腸菌は生じたグルコースをまた食べてさらに増えていくのである（図 3-1）．
　このように大腸菌の細胞内では，グルコースが栄養源としてある限り，ラクトース分解にかかわる β-ガラクトシダーゼはほとんどつくられない状態にあ

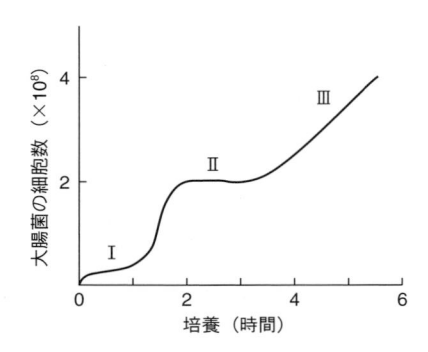

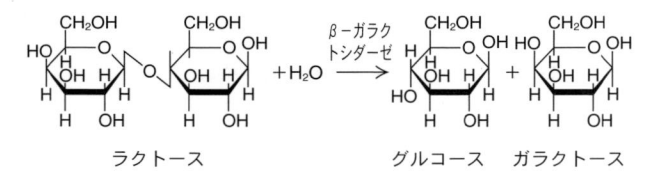

図 3-1　グルコースとラクトース存在下での大腸菌の生育
培地中にグルコースとラクトースが共存すると，大腸菌はまずグルコースを食べて生育する（I）．グルコースを食べ終わると一時的に生育がストップ（II）するが，ラクトースを分解する酵素をつくりだすと，生育が再開する（III）．

る。この章では，ラクトース分解系とトリプトファン合成系にかかわる遺伝子を例に挙げ，遺伝子の基本構造と発現制御メカニズムについて解説する。

遺伝子の基本構造と制御機能

遺伝子は，タンパク質をコードする構造遺伝子（structural gene）領域に加えて，転写（transcription）に必要な制御領域ならびに転写の終結にかかわる領域を基本として構成されている。

構造遺伝子の上流には，RNAを合成する酵素であるRNAポリメラーゼ（RNA polymerase）が認識して結合する場所がある。それがプロモーター領域（RNAポリメラーゼ結合部位）である。さらに，プロモーターのすぐ後ろに，RNAポリメラーゼによる転写開始を阻止するタンパク質（リプレッサー：repressor）が結合する領域，すなわち，オペレーター（operator）領域が続いている。また，カタボライト遺伝子活性化タンパク質（catabolite gene activator protein：CAP）とサイクリックAMP（cyclic AMP：cAMP）との複合体が結合する領域も存在する。このCAP/cAMP複合体がその領域に結合すると，RNAポリメラーゼによる転写が活性化される。

ラクトース分解にかかわる遺伝子は，β-ガラクトシダーゼだけでなく，パーミアーゼ（permease）とアセチルトランスフェラーゼ（acetyltransferase）をコードする合計三つの構造遺伝子が連続して存在している。これら酵素の遺伝子名は，それぞれ，*lacZ*，*lacY*，および*lacA*と表記される（図3-2）。構

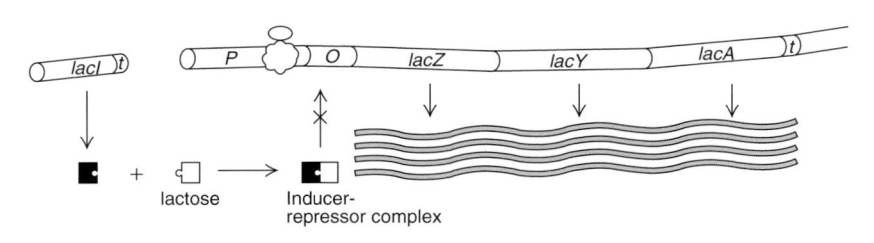

図 3-2　ラクトースオペロンの構造
*P*はプロモーター，*O*はオペレーター，*t*はターミネーターを示す。*lacZ*, *lacY*, *lacA*はそれぞれβ-ガラクトシダーゼ，パーミアーゼ，アセチルトランスフェラーゼをつくる遺伝子である。*lacI*によってつくられたリプレッサーはオペレーター領域に結合するが，ラクトース存在下では，その領域に結合できない。○はcAMP，◇はCAPを示す。

造遺伝子は，シストロン（cistron）と呼ばれることもあり，ラクトース分解酵素に関与する遺伝子群は，三つのシストロンが並ぶポリシストロンといえる。

　RNA ポリメラーゼが転写をスタートさせる位置を転写開始点と呼び，転写が終結する場所をターミネーター（terminator）という。遺伝子上のプロモーターから構造遺伝子を経て転写を終結させるターミネーターまでの一連の領域はオペロン（operon）と呼ばれている。

　オペロンの中に存在する構造遺伝子は，タンパク質のアミノ酸配列に関する情報を備えている。構造遺伝子が mRNA に転写された後，タンパク質への翻訳（translation）は，開始コドンである AUG（メチオニンをコード）から始まり終止コドンで終結する。通常，AUG が開始コドンとして使われるが，原核生物では，ときどき GUG（バリンをコード）や UUG（ロイシンをコード）も開始コドンとして使われることがある。また，翻訳を終了するサインである終止コドンは，UAG，UGA，そして UAA（アミノ酸の指定はなし）が使われる。

　以下，このオペロン上にある重要な機能の領域について具体的に説明する。

プロモーターと転写のプロセス

　RNA 合成を開始するにあたって，DNA を鋳型（template）として RNA を合成する RNA ポリメラーゼは，まず DNA 上の特定塩基配列（プロモーター）を認識し結合する。

　大腸菌の典型的なプロモーターには，転写開始点の上流の 35 塩基および 10 塩基付近にそれぞれ TTGACA および TATAAT という共通な配列（コンセンサス配列）が存在する。これらをそれぞれ−35 配列および−10 配列と呼んでいる（**図 3-3**）。ちなみに，転写開始点に相当する DNA 上の塩基を＋1 とし，それより 5′ 側にある塩基をマイナス（−）で表現する。したがって，転写開始点から 3′ 側の塩基はプラス（＋）で表記することになる。また，ある塩基を中心に考えたとき，5′-側を上流，3′-側を下流と表現することもしばしばある。

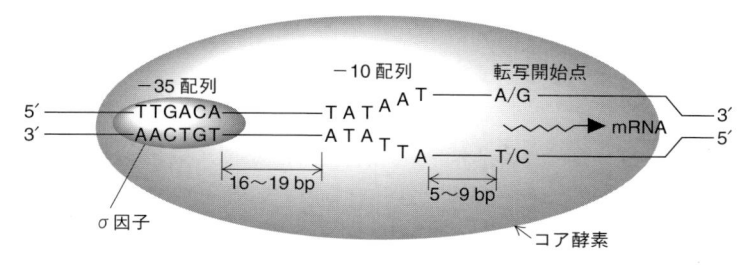

図 3-3 プロモーター領域の構造

σ（シグマ）因子が−35配列を認識すると，RNA ポリメラーゼのコア酵素がプロモーター領域に結合し，AT に富む−10配列より2本鎖 DNA がほどかれ，転写開始点から mRNA の合成がスタートする。鋳型となるのは下方の鎖である。

RNA ポリメラーゼは，四つのサブユニット（二つの α および β と β'）からなるコア酵素（core enzyme）が，σ因子（σ-factor）と合体することで転写機能が発揮される。ちなみに，この合体した状態をホロ酵素（holoenzyme）と呼ぶ。実際は，σ因子が−35配列を認識するとコア酵素（$\alpha\alpha\beta\beta'$）が−10配列に結合できる。

ホロ酵素の形成によって DNA の2本鎖が1本鎖に解きほどかれ，その1本鎖を鋳型として RNA 鎖が合成されていく。DNA から RNA が合成される過程を転写（transcription）と呼び，転写開始点となる DNA 上の塩基は A あるいは G であることが多い。

転写の終結の仕方には，二つのタイプがある。一つは終結因子 Rho（ρ）が無関係なタイプと，もう一つはρに依存するタイプである。ρに依存しないタイプでは，ターミネーター領域にパリンドローム構造と A が数個並んだ塩基配列があることが特徴である（**図 3-4**）。

RNA ポリメラーゼによってパリンドローム構造の先まで転写されると，合成された RNA の末端にヘアピン構造ができる。その立体構造が障害を引き起こす要因となる。さらに，数個の A が並んでいる DNA 上の領域は，連続した UUU をお尻にもった mRNA がつくられることになる。DNA の A と mRNA の U との間の水素結合は GC 結合に比べてかなり不安定である。その結果として RNA 鎖は鋳型 DNA から引き離され，そこで転写が終結することになる。

一方，ρ因子が必要なタイプでは，ターミネーターがパリンドローム構造を

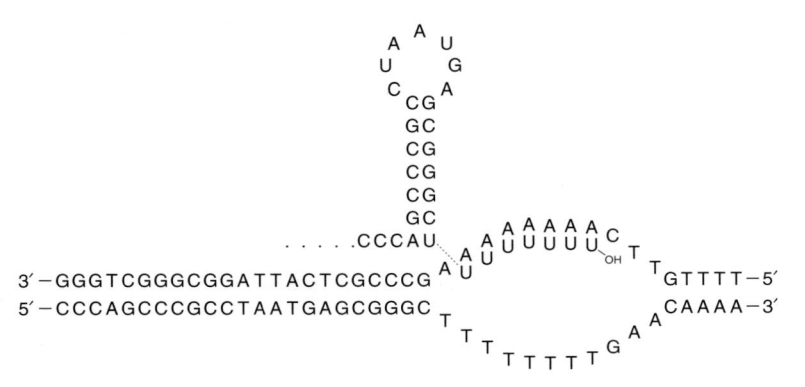

```
                       A A
                    U     U
                   C       G
                    CG    A
                    GC
                    CG
                    CG
                    CG
                    CG
                    GC         AAAAA
        .....CCCAU A          U     C
                    U        U       T
3'-GGGTCGGGCGGATTACTCGCCG A  U        T
5'-CCCAGCCCGCCTAATGAGCGGC  A U         T GTTTT-5'
                            T U       A  CAAAA-3'
                             T       A
                              T T T T GA
                                 T
```

図 3-4 大腸菌のトリプトファン合成酵素遺伝子の転写の終結の模式図
U に富んだ領域で mRNA 合成が終結し，できた mRNA は DNA から離れる．ターミネーター領域では mRNA のヘアピン構造ができる [*Cell*, **24**, 10-23 (1981)]．

形成するという特徴は保持するものの，パリンドローム構造が ρ に依存しないタイプと比べるとかなり不安定である．しかも，パリンドローム構造に続く連続した A の配列は観察されない．ρ 因子は DNA の 2 本鎖を巻き戻す酵素，すなわち，ヘリカーゼ (helicase) としての酵素活性をもっている．ターミネーターで RNA ポリメラーゼが立ち往生している間，おそらく ρ 因子が DNA と RNA との間の水素結合を巻き戻して，結局のところ両者を引き離してしまうと思われる．

ラクトースオペロン

細胞内では，すべてのタンパク質が絶えずつくられているわけではない．実際，β-ガラクトシダーゼのように，必要に応じてつくられるタンパク質は多い．これらを誘導型タンパク質 (inducible protein) と呼んでいる．実際，*lac* オペロンから転写される mRNA は 1 分子，β-ガラクトシダーゼに換算すると 3 分子程度は常につくられているようである．

ところが，グルコースがない状態でその代わりにラクトースがあると，それが誘導物質となって，何と 3,000 個以上のタンパク質がつくられる．これは，それまで抑えられていた *lac* オペロンに対し，スイッチ ON するメカニズムが働いたためである．実際には *lac* オペロンは 2 種類のメカニズム，すなわ

ち，(1) リプレッサーによる負の制御と，(2) CAP/cAMP 複合体による正の制御の二つのシステムが働いて β-ガラクトシダーゼを誘導的につくるのである（図 3-5）。ちなみに，CAP とはカタボライト活性化因子（Catabolite activator protein）の略称であるが，同時に CRP（cAMP receptor protein）とも呼ばれる。

まず，(1) のシステムについて説明しよう。リプレッサー（repressor）は *lac* オペロンの上流に位置する *lacI* と名づけられた遺伝子によってつくられる。できた Lac リプレッサー（Lac repressor）タンパク質は，*lac* オペロンのオペレーター領域に結合することにより，通常は RNA ポリメラーゼがプロモーターへ結合するのを妨害する働きをしている。ところが，細胞内にラクトースが存在すると，ラクトースとリプレッサーが結合する。その結果，それまでオペレーターと結合していた Lac リプレッサーが離脱するため，RNA ポリメラーゼの転写を邪魔しなくなる。その結果，ラクトースオペロン内の遺伝子の転写がスムーズに成し遂げられるのである。一方，(2) のシステムでは，CAP/cAMP 複合体がプロモーター領域の上流に結合すると，RNA ポリメラ

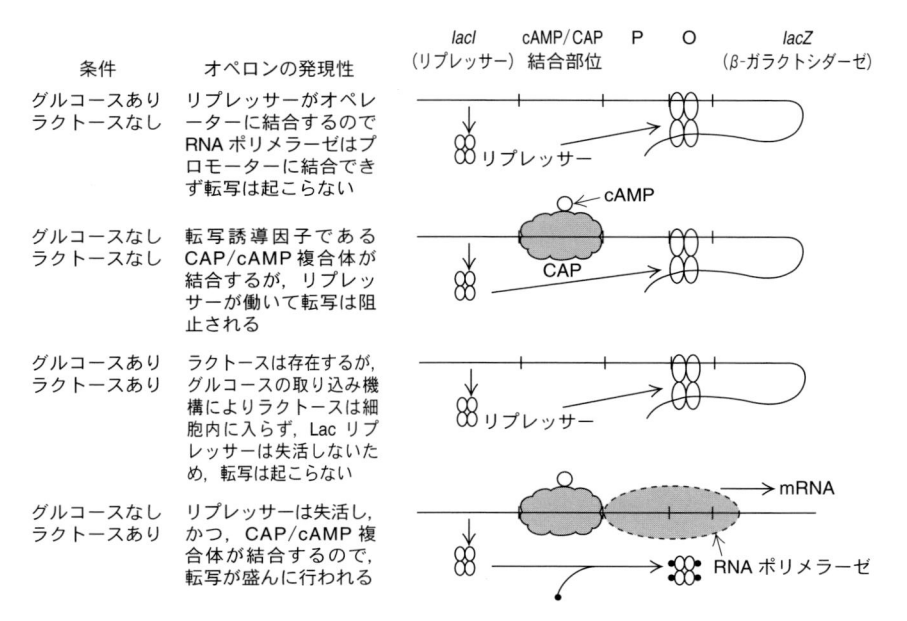

条件	オペロンの発現性
グルコースあり ラクトースなし	リプレッサーがオペレーターに結合するので RNA ポリメラーゼはプロモーターに結合できず転写は起こらない
グルコースなし ラクトースなし	転写誘導因子である CAP/cAMP 複合体が結合するが，リプレッサーが働いて転写は阻止される
グルコースあり ラクトースあり	ラクトースは存在するが，グルコースの取り込み機構によりラクトースは細胞内に入らず，Lac リプレッサーは失活しないため，転写は起こらない
グルコースなし ラクトースあり	リプレッサーは失活し，かつ，CAP/cAMP 複合体が結合するので，転写が盛んに行われる

図 3-5　大腸菌のラクトース遺伝子の発現調節

ーゼのプロモーターへの結合が促進されるため，転写が促進されるというものである。

これまで，大腸菌のグルコースによる他の糖代謝の抑制現象についてはcAMPが関与する機構が有名で，例えば，グルコースとラクトースが共存すると，グルコースが最初に利用されるのである。これは以下のように説明されてきた。グルコースとラクトースが共存すると，グルコースがcAMP濃度の低下を引き起こすのである。このようなカタボライト抑制が細胞内cAMP濃度の低下によって引き起こされるという「cAMPモデル」が提唱されていた。しかしながら，のちになって，cAMPモデルは正しくないことがわかってきた。というのは，グルコース単独，ラクトース単独，およびグルコースとラクトースの共存下において，cAMPの濃度はほぼ同じであることが判明したからである (*Genes to Cells*, 1, 293-301, 1996)。これは，グルコースとラクトースの共存下で起きる *lac* オペロンの発現抑制現象が，cAMPモデルでは説明できないことを意味している。

グルコースとラクトースが共存する場合，どのようなメカニズムで *lac* オペロンの発現が抑えられているのであろうか？　通常，グルコースは，糖ホスホトランスフェラーゼシステム (sugar phosphotransferase system：PTS) と呼ばれる機構により，PTS IIA タンパク質からリン酸を受け取り，グルコース-6 リン酸として細胞内に取り込まれる。ちなみに，PTS は各糖共通の酵素 I (EI) と histidine-phosphorylatable protein (HPr) および糖特異的酵素 I (EII) の三者から構成されている。ただし，グルコースの場合，EII は細胞成分の IIA と膜タンパク質 (permease) である HCB から構成されている。盛んにグルコースが取り込まれる時期に細胞内の PTS IIA は非リン酸化型のものが優位になり，その非リン酸化型 PTS IIA がラクトースパーミアーゼの機能を阻害する。すなわち，グルコースとラクトースが共存する場合には，グルコースが取り込まれることにより増加した非リン酸化型 PTS IIA が，ラクトースパーミアーゼの機能を阻害するので，ラクトースが細胞内に入らないのである。これを inducer exclusion と呼ぶ。結論としては，グルコースとラクトースの共存下での *lac* オペロンの抑制は inducer exclusion により起こる。

トリプトファンオペロン

通常，アミノ酸の合成は，細胞内でそれが不足した時に起こる。例えば，アミノ酸であるトリプトファン（Trp）が細胞内で枯渇すると，Trp合成にかかわるオペロンの転写が誘導される（図3-6）。

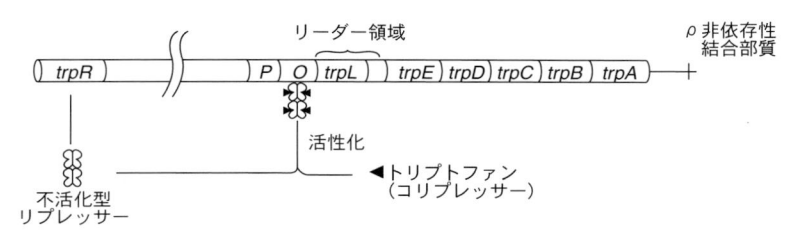

図3-6　トリプトファンオペロンの構造と活性型リプレッサーによる転写の抑制
細胞内にトリプトファン（Trp）が十分量存在するとTrpはリプレッサーに結合して活性型となり，それがオペレーター部位（O）に結合して転写を抑制する。P：プロモーター領域を示す。

トリプトファンオペロン（trp operon）は五つのシストロンから構成されている。trp オペロンはリプレッサーによる制御とアテニュエーション（attenuation）による両方の制御を受けている。ちなみに，trp オペロンは，ラクトースオペロンのような，CAP/cAMP複合体による制御は受けない。

ⅰ）リプレッサーによる制御

trp オペロンの発現をコントロールするTrpリプレッサーは，$trpR$ という遺伝子によってつくられる（タンパク質）。このリプレッサーは単独ではDNAに結合することはできないが，Trpと複合体を形成すると活性型のリプレッサーに変身する。そのようなことから，Trpはコリプレッサーとも呼ばれる。Trpリプレッサーとコリプレッサーとの複合体が trp オペロンのオペレーターに結合すると，転写が阻止されるのである。細胞内にTrpが豊富にあるときは活性型リプレッサーが形成されるので，それがオペレーターに結合して転写を抑制する。一方，Trp欠乏時には複合体は形成されず，その結果，オペレーターに結合するものがないため，RNAポリメラーゼによる転写が正常に進むことになる。

ⅱ) アテニュエーションによる制御

lac オペロンでは，オペレーターに隣接して最初の構造遺伝子が配置されているのに対し，*trp* オペロンではオペレーターに続いて 162 個の塩基が並んだ後，最初の構造遺伝子が存在している．構造遺伝子に先立って存在する 162 塩基からなる領域はリーダー領域と呼ばれており，Trp が存在すると 140 塩基の短い mRNA が合成される（最初の構造遺伝子のところまでは転写されない）．

ところが Trp が欠乏した環境下では，*trp* オペロンにある五つの酵素をつくろうとするため完璧に転写が行われる．しかし，リーダー領域の一部を削除した変異体では，*trp* オペロンの酵素生産量が大幅に増加した．リーダー領域は *trp* オペロンの発現において調節的な役割を担うものと考えられ，最終的に**図 3-7** に示すモデルが提案されたのである．

① 162 塩基からなるリーダー領域のうち，第 27～68 番目の領域は，リーダーペプチドと呼ばれる 14 アミノ酸残基からなる短いペプチド鎖をコードしている．

② リーダーペプチドの 10 番目と 11 番目に Trp が 2 個連続して存在する．

③ リーダーペプチドをコードする領域の下流には mRNA のステムアンドループ（stem and loop）構造形成に関与する配列と，それに続いて数残基のウリジンが連続する配列が存在する．この 2 と 3 がステムアンドループを形成する場合と，1 と 2，3 と 4 の 2 組がステムアンドループ

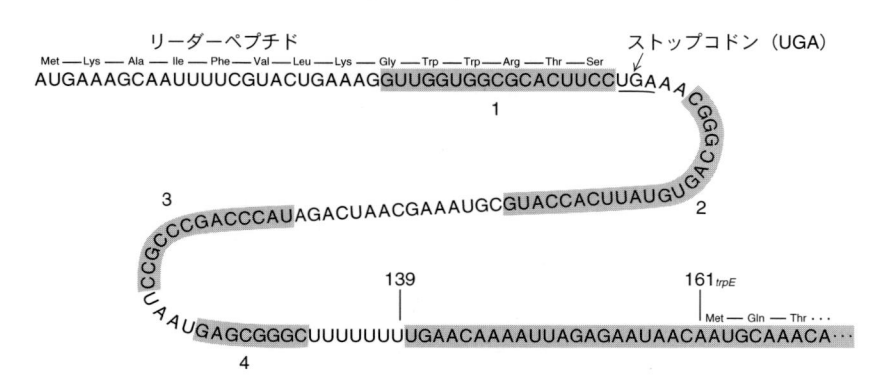

図 3-7 *trp* オペロンのリーダーペプチド配列とそれにかかわる mRNA の塩基配列
リーダー部には 14 アミノ酸からなるペプチドをコードする領域がある．

を形成する可能性がある。
④ 第3番目と第4番目の配列とでステムアンドループを形成すると，ρ非依存タイプの転写終結領域となる。

これらの巧妙な制御メカニズムは，ヤノフスキー（C. Yanofsky）らのグループによって詳細に調べられた（**図 3-8**）。細胞内に Trp が十分量存在する場合には，転写途中の mRNA にリボソームが多数結合し，RNA ポリメラーゼの後を追うように mRNA 上を移動してタンパク質の合成を行う。これを『転写と翻訳の共役』と呼んでいる。

① プロモーターに RNA ポリメラーゼが結合して転写が開始されると，合成された mRNA にリボソームが直ちに結合し，RNA ポリメラーゼの後を追いつつリーダーペプチドが合成される。
② リボソームはリーダーペプチドを合成し，領域1と2を覆うように停止するが，先行する RNA ポリメラーゼは転写を続行し，領域3および4とそれに続くポリウリジン領域が合成される。
③ 領域2はリボソームによって覆われているため，領域3と4との間でス

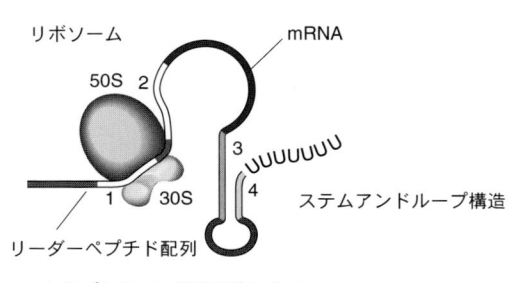

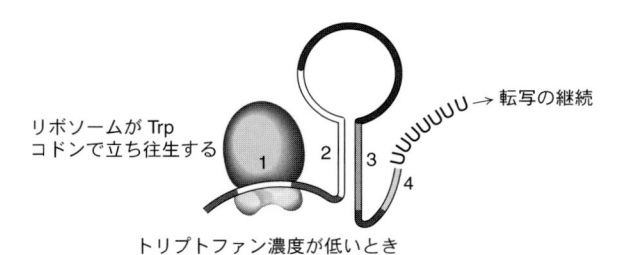

図 3-8　*trp* オペロンのアテニュエーションによる転写制御

テムアンドループ構造が形成される。これが転写終結シグナルとなって，mRNA の合成は trp オペロンの最初の遺伝子（trpE）に到達する前に終結する。

一方，細胞内の Trp が欠乏すると，
① 転写が開始され，それに続いてリーダーペプチドの合成が開始される。
② 細胞内で Trp が欠乏しているため，10 番目と 11 番目の 2 個連続した Trp コドンの位置でペプチド合成が続けられなくなり，リボソームが領域 1 のみを覆うように立ち往生してしまう。
② リボソームが立ち往生する間にも RNA ポリメラーゼは mRNA の合成を続行し，領域 2 と 3 との間でステムアンドループ構造が形成される。そのため，領域 3 と 4 との間でステムアンドループ構造は形成されず，転写終結シグナルとはならない。そこで，RNA ポリメラーゼは trp オペロンの全領域を転写する。
③ リボソームがそれぞれの遺伝子領域からタンパク質合成を行う。

このように，trp オペロンでは転写と翻訳が協調しつつ，その発現がコントロールされている。このきめこまやかな調節機構をアテニュエーションと呼ぶのである。

アテニュエーションは，trp オペロンのほかに，多くのアミノ酸合成系オペロンで共通して見られる現象である。**表 3-1** には，アテニュエーションで調節

表 3-1 アテニュエーションで調節されるアミノ酸合成系遺伝子とそのリーダーペプチド

オペロン	リーダーペプチドのアミノ酸配列
his	Met-Thr-Arg-Val-Gln-Phe-Lys-His-His-His-His-His-His-His-Pro-Asp
pheA	Met-Lys-His-Ile-Pro-Phe-Phe-Phe-Ala-Phe-Phe-Phe-Thr-Phe-Pro
leu	Met-Ser-His-Ile-Val-Arg-Phe-Thr-Gly-Leu-Leu-Leu-Leu-Asn-Ala-Phe-Ile-Val-Arg-Gly-Arg-Pro-Val-Gly-Gly-Ile-Gln-His
thr	Met-Lys-Arg-Ile-Ser-Thr-Thr-Ile-Thr-Thr-Thr-Ile-Thr-Ile-Thr-Thr-Gly-Asn-Gly-Ala-Gly
ilv	Met-Thr-Ala-Leu-Leu-Arg-Val-Ile-Ser-Leu-Val-Val-Ile-Ser-Val-Val-Val-Ile-Ile-Ile-Pro-Pro-Cys-Gly-Ala-Ala-Leu-Gly-Arg-Gly-Lys-Ala

される典型的なアミノ酸合成系遺伝子と、そのリーダーペプチド配列を示す。ちなみに、転写と翻訳が同時に進行するアテニュエーションは、原核生物のみに認められる制御機構なのである。

真核生物の遺伝子と転写・翻訳系の特徴

　原核生物と真核生物の間で遺伝子の構造や転写の様式を比較してみると、いくつかの点で違いが認められる。例えば真核生物では、① 染色体のDNAは核膜で囲まれた核内にある。しかし、原核生物には核膜がない。したがって、原核生物の染色体DNAは核内ではなく、細胞質に存在する。さらに、真核生物には、原核生物にはないミトコンドリアや葉緑体（光合成をつかさどるオルガネラ）が存在する。

　真核生物の遺伝子は、② 一般的にモノシストロンであり、③ イントロン(intron) とエキソン (exon) から構成されている。イントロンは介在配列とも呼ばれ、タンパク質として翻訳されることのないDNA領域であり、エキソンはタンパク質をコードする領域である。真核生物では、④ それぞれ10個以上のサブユニットからなる3種類のRNAポリメラーゼ（RNA polymerase I, II, and III）が特定遺伝子の転写を分担している。

　以下に、RNAポリメラーゼの役割の違いを中心とした真核細胞の転写制御メカニズムについて、その概略を述べる。

i) RNAポリメラーゼIIによる転写とプロセシング

　転写開始点の上流には、RNAポリメラーゼが結合する領域とともに、転写を促進する領域が数百塩基にわたって存在している。これが真核生物の遺伝子のプロモーター領域となっている。転写開始にあたって、RNAポリメラーゼと20種類ほどのタンパク質とで構成される複合体が、TATAボックスと呼ばれるコンセンサス配列（5'-TATAAAT-3'）上に形成される。そのTATAボックスは、転写開始点から25塩基ほど上流にあり、−25ボックスとも呼ばれる。この複合体の形成は、TATA結合タンパク質（TATA-binding protein：TBP）がTATAボックスを認識することにより始まる。

　一方、転写の終結についてはほとんど解明されておらず、終結シグナルはま

だわかっていない．RNA 合成は遺伝子領域を通過しても継続され，2,000 塩基下流付近まで合成される．

RNA ポリメラーゼ II によって転写された RNA は，mRNA の前駆体であり，これを hnRNA (heterogeneous nuclear RNA) と呼んでいる（図 3-9）．hnRNA は，5′ 末端に G がグアニリルトランスフェラーゼ (guanylyl transferase) の働きで結合し，さらにメチル化を受ける．この構造はキャップ (CAP) と呼ばれ，mRNA とリボソームが結合する過程に必要であるといわれている．

その後，キャップ構造が付加され，3′-末端にポリ A ポリメラーゼの働きで 200〜300 塩基の A が付加される．これをポリ A テールと呼んでいる．ポリ A は DNA 鎖から転写されたものではなく，mRNA 前駆体が合成されたあとで，ポリ A ポリメラーゼによってつくられ付加される．ポリ A の付加は転写

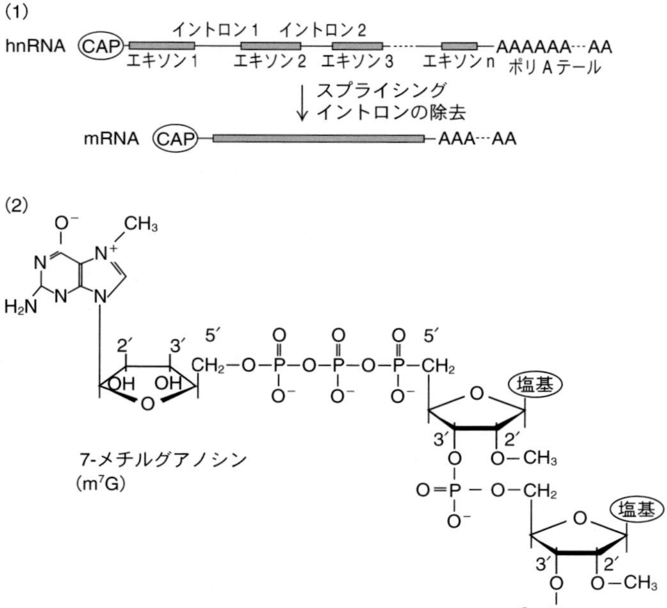

図 3-9 真核生物の mRNA の特徴

真核生物の mRNA は前駆体の hnRNA よりイントロンが切除されて完成型となる．5′ 末端には CAP 構造 (2) と 3′ 末端にはポリ A テールが付加されている．

終了時の3′-末端より上流で起こる。すなわち，エンドヌクレアーゼがAAUAAAという配列を認識し，そこから下流に11〜30塩基を残して除去し，そこにポリAが付加される。

このようにして修飾を受けたhnRNAは核膜を通って細胞膜を出る際，イントロンが除去されエキソン同士が合体して成熟型のmRNAとなる。ちなみに，イントロンを取り除くプロセスをスプライシング（splicing）と呼ぶ。成熟型mRNAは，小胞体表面のリボソームに運ばれてからタンパク質へと翻訳される。

ii) RNAポリメラーゼⅠとⅢによる転写

RNAポリメラーゼⅠは，リボソーム遺伝子（rDNA）を転写して，長いサイズのリボソームRNA（rRNA）前駆体（45S rRNA）を合成する。その転写産物は，二つのスペーサーによって3領域に分けられている。その後プロセッシングされ，28S，18S，5.8Sの3種類のrRNAとして切り離される。RNAポリメラーゼⅠが結合するプロモーターは，コアプロモーター要素と呼ばれ-45〜$+20$に位置する。また，-65〜-200の領域およびその上流にある10個の繰返し配列が並んだエンハンサー領域もある。

RNAポリメラーゼⅢは，転移RNA（transfer RNA：tRNA）と5S rRNAの転写にかかわっている。RNAポリメラーゼⅢのプロモーターは，転写する遺伝子の内部にあり，形成された転写複合体は，開始点まで戻ってから転写を開始する。遺伝子の転写が終結する領域の近くには，原核生物と同様に数個のAが連続した領域があり，ここで転写が終結する。しかしながら，原核生物に特徴的なRNA鎖のステムアンドループ構造は形成されない。

4. 遺伝子を解析する手法

　複雑な遺伝子の働きを目に見える形で解析する手法が，種々開発されてきた。ここでは，一般的な技術まで確立した，サザンブロッティング，ノーザンブロッティング，そしてコロニーおよびプラーク・ハイブリダイゼーションについて解説する。

サザンブロッティング法～目的DNAの解析～

　1975年，サザン（E. M. Southern）は核酸の正確な相補性を利用して，DNA断片上から目的遺伝子あるいは塩基配列を検出する手法を考案した。これは，アガロース電気泳動で分離したDNAとプローブDNAをハイブリダイズさせることで，そのプローブに相補的な配列をもつDNA断片を検出する方法である。この方法は，サザンブロッティングあるいはサザンハイブリダイゼーションと呼ばれ，特殊な器具が不要なために広く用いられるようになった。

　DNAは，塩基部分が水素結合を形成することによって2本鎖となっているが，温度やpHを上げると水素結合が徐々にはずれ，2本鎖が開裂して1本鎖となる。これをDNAの変性（denaturation）という。また，温度を徐々に下げたり，pHを少しずつ中性付近に戻してやると，DNAは再び元のペアで水素結合を形成して2本鎖に戻る。これを，アニーリング（annealing，焼きなましという意味）という。

　このとき，類似性をもつ別の変性DNAと混合すると，よく似た配列の間で混成の2本鎖DNAが形成される。このようなDNAの雑種（hybrid）が形成されることをハイブリダイゼーション（hybridization）と呼び，遺伝子間の相同性（homology），類似性（similarity）または相補性を調べる手段の基盤となる。

　サザンブロッティングの具体的な手法について，次に詳しく説明する。

ある微生物の染色体DNAにおいて，どのサイズのDNAに目的とする遺伝子が存在しているのかを知りたい場合，まず目的微生物の染色体DNA試料を適当な制限酵素で切断し，アガロース電気泳動で分離することから始める。

通常，サイズの異なるDNA断片が，多数のバンドとして分離される。特に全染色体DNAを制限酵素で切断した場合では，レーン全体に帯状に広がったDNAバンドパターンとなる。その後，このアガロースゲルを0.5～1Mの水酸化ナトリウム溶液に浸し，2本鎖DNAをアルカリで変性させて1本鎖DNAとする。

変性したゲルを図4-1のような装置にセットすると，毛細管現象により緩衝液がゲル上面のペーパータオルへ吸い上げられ，この緩衝液の流れに乗って変性された1本鎖DNAがメンブレンフィルターに吸着される。この移動にはおよそ一晩を要する。

しかしながら，小さなDNA断片を効率よくメンブレンフィルターに吸着させる条件では，大きなDNA断片をゲルからメンブレンフィルターにまで効率よく移動できない。また，逆に大きなサイズの断片をメンブレンに十分に吸着させようとすると，小さなDNA断片はメンブレンを通りすぎてしまうことがある。さらに，DNA断片のトランスファーに長時間を必要とするため，バンドが拡散してシャープなDNAバンドが得られないといった不都合がある。

初期の頃は，ニトロセルロース材質のメンブレンフィルターが用いられていたが，現在ではDNAの吸着力や強度の点で優れているナイロン製のメンブレ

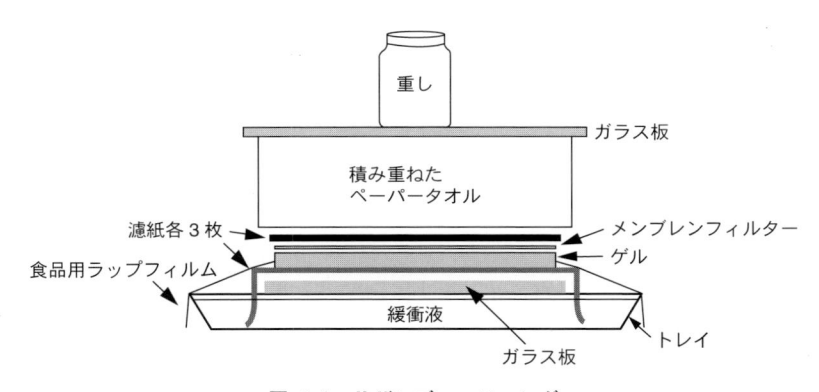

図 4-1　サザンブロッティング

ンフィルター，特に正荷電をもったナイロンメンブレンフィルターが繁用されるようになった。

また，バキューム（吸引）装置を使って，DNA をメンブレンフィルター上に固定化したり，電気的に DNA をトランスファーする装置（electro-blotting apparatus）が開発されたことで，現在では 10 分ほどで，シャープかつ均一に DNA 断片をメンブレンフィルター上に吸着させることができる。

その後，ニトロセルロースメンブレンフィルターを用いた場合は，80℃程度に加熱したオーブンを用いて吸着 DNA をしっかり固定化させる。他方，ナイロンメンブレンフィルターの場合には，紫外線照射により DNA 中のチミン残基がナイロンメンブレンフィルター上のアミノ基とクロスリンクすることで固定化させる。

メンブレンフィルター上に固定された DNA とプローブが，ハイブリットDNA を形成させるため，メンブレンフィルターをプラスチック製の袋か円筒形のガラスボトルに入れる。このとき，プローブ DNA の非特異的な吸着を抑えるため，あらかじめサケ精子 DNA やスキムミルクを溶解した緩衝液を注入して，メンブレンフィルター全体をあらかじめブロッキングしておく。ブロッキング試薬を含む緩衝液でメンブレンフィルターを洗浄後，プローブ DNA を含む緩衝液を加え，ハイブリダイゼーションさせる。最終的に標識プローブが結合した，目的 DNA バンドからのシグナルを検出する。

ノーザンブロッティング法～目的 RNA の解析～

産生される特定の mRNA を解析するため開発された手法が，ノーザンブロッティングである。基本原理は，サザンブロッティングと同じであり，DNA の代わりに解析したい RNA（特に mRNA）をメンブレンフィルターに固定化して調べる方法である。

この方法は，細胞や組織から全 RNA を抽出し，サザンブロッティングと同様に電気泳動で mRNA の大きさに従って分ける。このとき，通常 RNA は 1 本鎖であるが，特殊な二次構造をとることが多いので，電気泳動の際に水素結合を形成しないように，ゲル中にホルムアルデヒドやホルムアミドを加えるな

ど工夫をして行う。この後のブロッティングは，サザンブロッティングと同じ方法でRNAを移し取り，最終的に標識プローブが結合した目的RNAバンドからのシグナルを検出し解析する。この方法は，サザン（これは人名）に対してノーザンと呼ばれている。

コロニーおよびプラーク・ハイブリダイゼーション法

　ある生物の染色体DNAを適当な長さに切断後，各々のDNA断片をベクターに組み込むことで得られた集団を，遺伝子ライブラリー（gene library），ゲノムライブラリー（genomic library），あるいは遺伝子バンク（gene bank）という。遺伝子ライブラリー等から，目的遺伝子をもつクローンを検出するため行われる方法が，コロニー・ハイブリダイゼーション（colony hybridization）法やプラーク・ハイブリダイゼーション（plaque hybridization）法である。

　コロニー・ハイブリダイゼーション法の具体的な手法は，寒天平板培地上に形成されたさまざまな組換え体をもつコロニーを形成させ，ニトロセルロースメンブレンフィルターをそのコロニーに覆いかぶせることで，メンブレンフィルター上にコロニーを移し取る。その際，もとの平板培地は一時的に冷所保存しておく。

　細胞の付着した面を上側にしたメンブレンフィルターは，フレッシュな平板培地の上に重ねる。数時間37℃で保温後，そのメンブレンフィルターを培地からはがし，少量のアルカリ溶液（0.5 M NaOH）に浸すか，アルカリ溶液を含んだ濾紙の上に置く。この操作で，コロニーを形成する細胞は溶菌させるとともに，抽出されたDNAが1本鎖に変性し，フィルターに吸着される。

　その後，メンブレンフィルターを中和後，プロテアーゼK処理してタンパク質を分解する。そのフィルターを洗浄後，80℃でDNAをメンブレンフィルター上に固定化する。サザンブロッティング法と同様，このフィルターとプローブとを接触させる。もし，プローブと相補的なDNAをもったコロニーがあれば，プローブの標識シグナルによって検出できる。目的遺伝子をもつコロニーは，先に保存していた寒天培地上のコロニーから選択することになる。

プラーク・ハイブリダイゼーション法は，λファージベクターやM13ファージベクターを用いた場合にも同様に使われる。ファージに感染した細胞は溶菌し，その周囲にいるファージ非感染細胞と区別できる。菌が溶けて一見半透明な部分をプラーク（溶菌斑）という。プラーク中には組換え体ファージや殻をもたない裸の組換えファージDNAやファージ感染細胞が存在している。そこで，コロニー・ハイブリダイゼーション法と同様に，メンブレンフィルターを覆いかぶせて，組換え体ファージや裸のDNAをフィルター上に移し取り，アルカリ変性後，プローブとハイブリダイズさせる。

5. 遺伝情報を解読する

塩基配列決定の基本原理

　塩基配列の決定法は，大きく二つに分けられる。その一つは，マキサムとギルバート（A. Maxam & W. Gilbert）によって開発された化学的方法であり，他の一つが，サンガー（F. Sanger）らにより開発されたジデオキシ法である。両者とも1970年代後半に相次いで発表された。当初は，マキサム・ギルバート法がもっぱら利用されたが，ジデオキシ法にさまざまな改良が加えられた結果，1985年ごろには立場が逆転し，今やほとんどがジデオキシ法である。事実，ヒトゲノムを始めとする各種生物のゲノム解析に用いられている自動シークエンサーや後述する超高速シークエンスの基本原理は，ジデオキシ法なのである。

❶ ジデオキシ（dideoxy）法の原理

　この方法は，塩基配列を決定したいDNA断片を1本鎖とし，これを鋳型としてDNAポリメラーゼにより相補鎖を合成させる。その際，基質として4種類のデオキシヌクレオシド三リン酸（dATP，dCTP，dGTP，およびdTTP）を加えるが，さらに，適量の2′,3′-ジデオキシヌクレオシド三リン酸（ddATP，ddCTP，ddGTP，またはddTTP）を添加することを基本原理とする。

　具体的には，**図5-1**に示すように，塩基配列を決定したいDNAを1本鎖にしたのち，その3′末端側に，相補的配列をもった21～24個程度からなるオリゴヌクレオチドプライマーをアニールさせる。そこに，上記のdNTP（dATP，dCTP，dGTP，dTTP）およびddNTP（ddATP，ddCTP，ddGTP，ddTTPのいずれか）とともにDNAポリメラーゼを添加し，相補鎖を伸長させる。

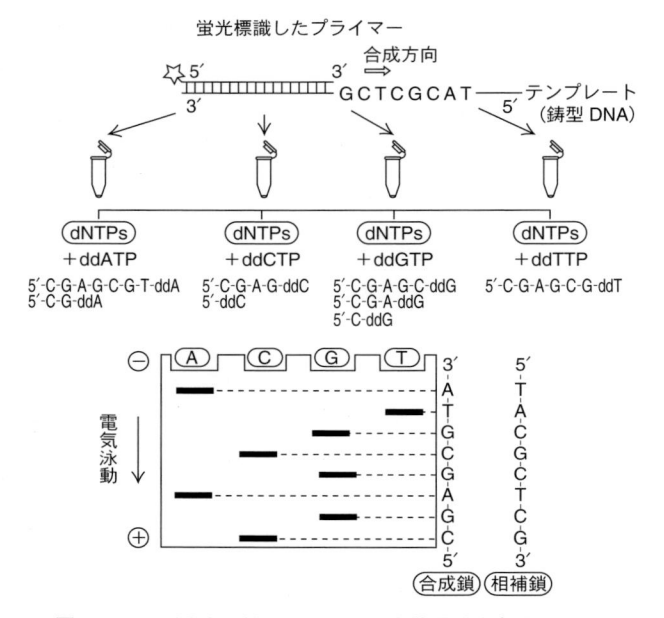

図 5-1　ジデオキシ法による DNA 塩基配列決定法の原理
dNTPs は dATP, dCTP, dGTP, dTTP の混合物を示す. 各マイクロチューブには dNTPs のほか, DNA ポリメラーゼに加えて, ddATP, ddCTP, ddGTP, ddTTP のいずれか一つを添加する. もちろん, プライマーと鋳型 DNA も加える.

　DNA ポリメラーゼは, 鋳型 DNA の配列に対合するデオキシヌクレオシド三リン酸 (dNTP) を取り込んで相補鎖を順次合成していく. しかし, DNA ポリメラーゼは dNTP と ddNTP を区別することなく取り込むため, dNTP の代わりに ddNTP を取り込むことがある. その結果, ddNTP を取り込んだ場合には, 伸長反応の継続に必要な 3′ 末端の −OH がなくなってしまうので, 以後の dNTP 塩基が付加できなくなるのである.

　この伸長停止はランダムに起こるため, 結果的にはさまざまな長さの相補鎖が混合物として得られることになる. この反応を 4 種類の ddNTP (ddATP, ddCTP, ddGTP, または ddTTP) のうち, いずれか一つを含んで, 計 4 種類の反応 (A 反応, C 反応, G 反応, T 反応) を行ったあと, これら反応物を横並びにして尿素変性ポリアクリルアミドゲル電気泳動にかけると, 一塩基の長さの違いで DNA 鎖を分離することができる.

ちなみに、反応生成物の標識化は、従来、^{32}P でラベルされた dATP または dCTP などを基質として用いていたが、最近では、プライマーの 5′-末端や、ddNTP にあらかじめビオチンやジゴキシゲニン、あるいは各種蛍光色素で標識し視覚化している。

❷ ジデオキシ法の普及に貢献したベクター

ジデオキシ法の原理が登場し、多くの研究者によって広く使われるまでには、およそ 10 年もの歳月を要した。

なぜなら、塩基配列を決定したいサンプルごとにプライマーをデザインしなければならなかったことと、鋳型とすべき 1 本鎖 DNA の調製がかなり難しかったからである。後者の問題については、1 本鎖 DNA ファージ（M13 ファージ）をベクターの開発に利用したことで一挙に解決をみた。

M13 ファージは、大腸菌に感染することのできる繊維状のファージ（filamentous phage）であり、その遺伝子はファージ殻内で 1 本鎖 DNA として存在している。にもかかわらず、大腸菌に感染すると、その細胞内では 2 本鎖の環状の DNA（replicative from DNA：RF-DNA）として存在できるのである（図 5-2）。この形状は、まさにプラスミドといえる。

この環状 DNA を大腸菌から単離して、外来遺伝子を挿入することで、宿主細胞内ではキメラプラスミド（組換えプラスミドのこと）として存在できる。このキメラプラスミドを大腸菌に導入すると、その形質転換細胞からは、外来遺伝子をもった 1 本鎖 DNA を保有するファージ粒子が培養液中に大量に放出されるのである。

M13 ファージは、宿主を溶菌するビルレントファージとは異なり、宿主を溶菌することなくファージ粒子をつくる（テンプレートファージ）。培養上清中に放出されたファージは、ポリエチレングリコール（PEG）を添加してから遠心分離すれば容易に回収できる。回収ファージをフェノール処理すると殻タンパク質が除去されるため、鋳型となる組換え型 1 本鎖 DNA が容易に取得できるのである。M13 ファージの重要な特性は、環状 DNA の 2 本鎖のうち、一方だけが選択されてファージ殻内に封入されるという点である。

メッシング（J. Messing）らは、M13 ファージの中にクローニング用の各

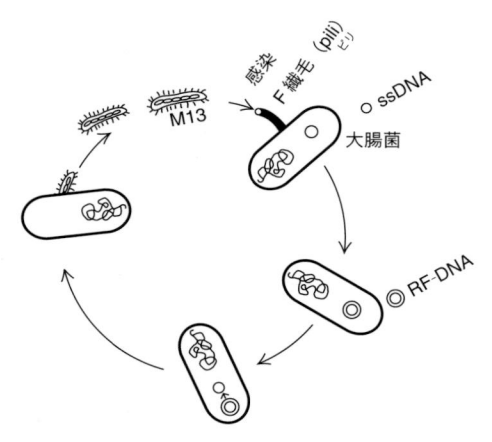

図 5-2 M13 ファージのライフサイクル

1本鎖 DNA を遺伝子としてもつ M13 ファージは大腸菌に感染後，2本鎖 DNA を細胞内で形成する。まず，大腸菌の F 繊毛へ M13 ファージが吸着後，細胞内へ侵入するところから始まる。侵入後ファージゲノムを鋳型として（これを＋鎖と呼ぶ）－鎖 DNA ができる。この2本鎖の状態を Replicative form DNA と呼ぶ。－鎖を鋳型に mRNA が合成され，これをもとに 100〜200 コピーの子ファージ複製中間体ができる。＋鎖はファージ殻内にパッキングされ，成熟ファージとして宿主を殺すことなく細胞外へ放出されることになる。ssDNA: single strand DNA

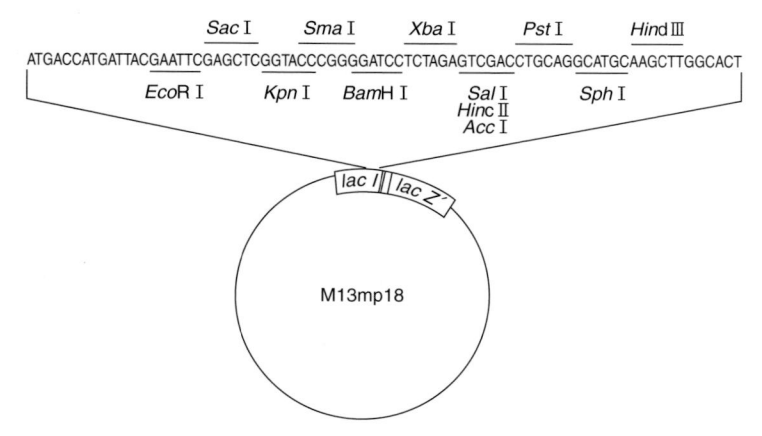

図 5-3 M13mp18 のクローニングサイト

種制限酵素切断部位（これをマルチクローニングサイト：MCS と呼んでいる）とともに，それに隣接した *lacZ* 遺伝子をも組み込んだ M13 mp シリーズのファージベクターを開発した（図 5-3）。

　この MCS の隣に結合するオリゴヌクレオチドプライマーを使って，挿入し

たDNA断片の塩基配列を読み取ることができる。ここで使用するために市販されているプライマーは，クローン化したDNAなら何でも読めるプライマーであり，ユニバーサルプライマーと呼ばれている。このユニバーサルプライマーを用いれば，400塩基ほどの長さのDNAの塩基配列は読み取れる。

❸ 耐熱性DNAポリメラーゼの利用

ジデオキシ法を飛躍させたもう一つの要因は，優れたDNAポリメラーゼの発見である。当初は，大腸菌DNAポリメラーゼI由来のクレノー酵素が用いられていたが，① 熱に不安定で，37℃以上の高温で反応できない，② 合成速度が遅く長い相補鎖が合成されない，などの欠点があった。とくに，GC含有率の高いDNA試料の場合，鋳型DNAは1本鎖であるため分子内二次構造を形成してしまう。その二次構造が相補鎖の合成を阻害することになるため，それが形成されない高温条件下で反応を行うことが要求された。近年，好熱細菌に由来するDNAポリメラーゼが発見されたことから，今ではその酵素を用いて，60～70℃でのDNA伸長反応が行われている。

❹ 尿素変性電気泳動法

シークエンス反応で得られた生成物は，尿素変性ポリアクリルアミドゲル電気泳動法で1塩基の長さの違いで分離することができる。具体的には，反応生成物にホルムアミドを加え，95℃程度で数分間加熱して鋳型から反応生成物を遊離させた後，8Mの尿素を含むポリアクリルアミドゲルの4レーンに並べて電気泳動する。泳動終了後，^{32}Pでラベルした場合はX線フィルムに像を感光させる。蛍光色素ラベルの場合は，専用機器で蛍光標識されたバンドシグナルを検出する。また，ビオチンやジゴキシゲニン標識の場合は，メンブレンフィルターにDNAバンドをトランスファー後，検出する。**図5-4**には，一例としてビオチン標識化プライマーを用いて反応を行い，化学発光法で検出した電気泳動パターンを示す。写真の下から上に該当する塩基を順次読み取ることで，塩基配列を決定することができる。

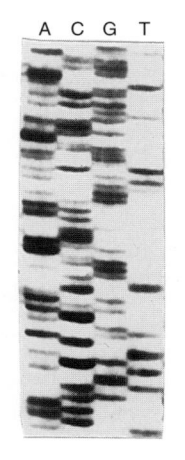

図 5-4　化学発光を利用した DNA 塩基配列の決定

❺　自動 DNA シークエンサー

　現在では，試料 DNA の単離，シークエンス反応，電気泳動ならびに塩基配列の読取りが自動化されている．1988 年ごろ，アメリカの巨大化学企業デュ・ポンとベンチャー企業アプライドバイオインダストリー（現 Life Technologies Inc.）が，相次いでパーソナルコンピュータ制御下で電気泳動を行い，リアルタイムに泳動データを読み取って塩基配列を決定する，いわゆる DNA 自動シークエンサーを開発した．

　いずれも蛍光色素で標識された伸長反応生成物を電気泳動で分離し，生成物が蛍光検出器の前を通過する際に検出するという方式である．得られたデータは，縦軸が蛍光強度，横軸が時間軸というクロマトグラムとなる．泳動終了後，クロマトグラムのデータはコンピュータによって ACGT の配列に読み替えられる（**図 5-5**）．

　両社の方式の大きな相違点は，アプライドバイオインダストリーが，1 種類の蛍光色素でラベルしたプライマーを用い，ACGT の各反応生成物を 4 レーンに並べて電気泳動するダイ（色素）プライマー（dye-primer）法に対し，デュ・ポン社は，未標識のプライマーを用い，伸長反応において別個の蛍光色素をつけた 4 種類のダイデオキシヌクレオチドを取り込ませ，反応生成物を一つのレーンで電気泳動するという装置であった．この方式をダイ（色素）ター

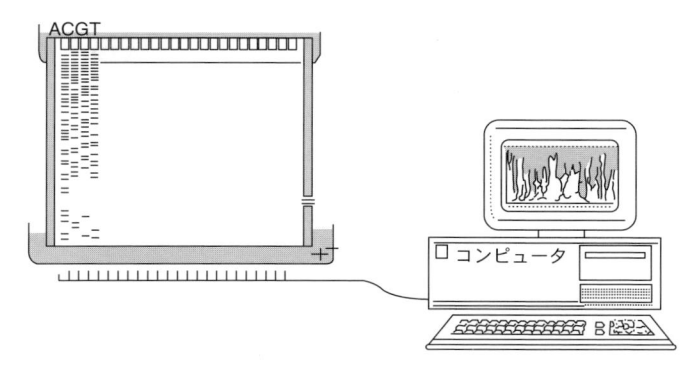

図 5-5　自動 DNA シークエンサー
大別して電気泳動部とデータ処理部から構成されている。標識化された
DNA バンドはレーザで検知される。

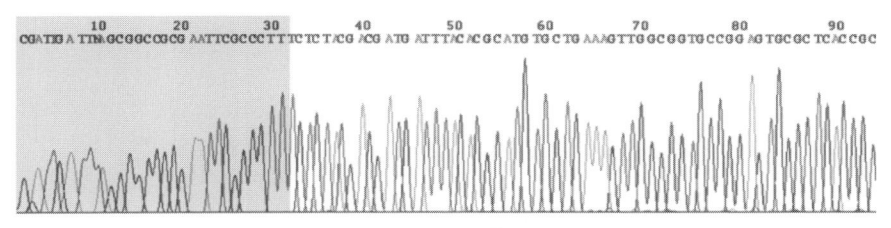

図 5-6　ジデオキシ法による読み取りデータの例

ミネーター（dye-terminator）法と呼んでいる。

　ダイターミネーター法は4レーンを必要とせず1レーンで解析可能なことから，尿素変性ポリアクリルアミドゲル電気泳動からダイターミネーター法を用いたキャピラリー電気泳動の技術へと発展していき，自動 DNA シークエンサーは大幅に効率化された（**図 5-6**）。

　ジデオキシ法は，ポリメラーゼ連鎖反応（PCR）と組み合わせることにより，さらに効率化された。PCR では2本鎖 DNA を高温で変性させた後，温度を下げてプライマーを結合させて DNA を合成する。その後，再び高温で変性させて鋳型 DNA（テンプレート）を再利用することができる。この発想をジデオキシ法と組み合わせることで，比較的少ない量の2本鎖 DNA から反応を始めることができるようになり，さらに効率化されたのである。この方法を特にサイクルシークエンシング法と呼ぶ。

超高速シークエンシング法

キャピラリー電気泳動を用いたジデオキシ法の開発により，さまざまな生物の遺伝情報の解読にアクセスすることが可能となった．この手法は，世界中の研究室で幅広く使われているが，データのハイスループット（高速処理能力）化，拡張性，スピード，解像度，コストといった面で制限があり，さまざまなニーズのプロジェクトに対し，必要なすべての遺伝情報を引き出すことは難しかった．

2007年，これらの制限を打開するため超高速シークエンサーが開発された．超高速シークエンサーは，以前の手法とは異なるアプローチで，短時間で膨大な量のゲノム情報を得ることが可能である．本技術は，PCRが実用化されたときと同じように，間違いなく今後の研究スタイルを変える技術革新であろう．

2003年に終了したヒト全ゲノムの解析は，キャピラリー電気泳動のジデオキシ法を用いて行われ，配列決定作業に10年，その解析にさらに3年を要した．このプロジェクトには，当時で30億ドルもの巨額な予算が投じられた．もし，超高速シークエンサー（2012年現在のもの）を使って解析したと仮定すると，1回のランで，5名のヒト全ゲノム解析を約10日間，しかも70万円ほどの経費で行うことができる．

超高速シークエンサーの原理は，基本的にはキャピラリー電気泳動を用いたジデオキシ法の原理を発展させたものである．DNA断片を鋳型テンプレートとし，1塩基ずつ再合成する時の蛍光強度を検出し，DNA塩基配列を決定していく．従来のジデオキシ法との違いは，ジデオキシ法では1〜96のDNA断片を同時処理するのに対し，超高速シークエンサーでは，数千万から数億のDNA断片に対して大量並列に処理していくのである．この方法により，従来のシークエンス解析と比べ解読スピードは飛躍的に向上し，大きいゲノム領域を対象とする研究が可能となった．現在，超高速シークエンサーの上位機種では1回のランで数千億塩基の情報を得ることができる．**図5-7**に超高速シークエンシングの概略原理を示す．

サンプルからゲノムDNAを抽出し，さらに大量並列シークエンスが精度よ

A. ゲノム DNA の抽出
B. DNA の断片化およびライブラリー化
C. 同時並行シークエンスおよびリファレンス配列へのマップ化
D. マップしたリードの共通配列から全ゲノムシークエンスデータの取得

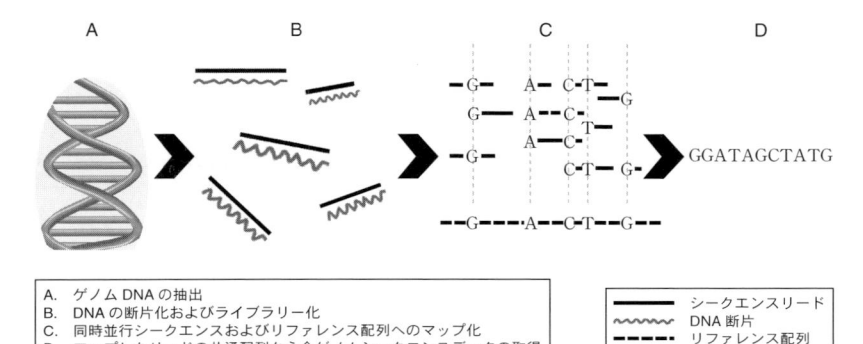

――― シークエンスリード
〜〜〜 DNA 断片
----- リファレンス配列

図 5-7　超高速シークエンシングの概略原理

く均一に行われるように断片化し，DNA ライブラリーを作製する。この DNA 断片は，超高速シークエンサーによって解読されていく。各断片の塩基配列はリードと呼ばれる。ゲノム配列がすでにわかっている生物種の場合は，既存のゲノム配列を背骨に見立て，そこにリードを張りつけていき（マッピング），比較しながら解析を行う（リシークエンス解析）。

一方，ゲノム配列のわからない生物種の場合は，オーバーラップを考えながら読まれた短いリードをつなぎ合わせ（アセンブル）作業を行うことで，長い塩基配列に再構築していく。これは de novo シークエンス解析と呼ばれており，マッピングより多くの計算量が必要となる。

超高速シークエンサーが誕生した 2007 年は，1 回のランで 10 億塩基（1 ギガベース）のデータを得ることができた。その後，2012 年には 1 兆塩基（10 テラベース）に届くまでのデータをアウトプットすることが可能となった。わずか 5 年で，1,000 倍もの DNA 情報獲得を達成したのである。このように超高速シークエンサーの登場もあり，微生物のゲノムサイズは 0.5〜10 Mb の範囲であることがわかってきた。2012 年の初めまでに，真正細菌 2,702 種，アーキア 150 種，真核生物 168 種の合計 3,030 種ものゲノムが解読されている。また，ケナガマンモス（*Mammuthus primigenius*）やネアンデルタール人（*Homo neanderthalensis*）など絶滅した生物の化石などから DNA を抽出し，ゲノムが解読されている。このゲノム解読から，ネアンデルタール人は現代人とは別種であり，絶滅した人類であることが明らかとなった。

インターネットを利用した遺伝情報の解析

1回のシークエンス反応から得られる塩基配列の長さは，300～1,000塩基程度の断片的な配列データである．そのため，多くの試料から得られたデータは，パーソナルコンピュータを用いてつなぎ合わせ，最終的に1本のDNA鎖の塩基配列として整理することになる．塩基配列が決定されると，それは宝の山であり，次のようなさまざまな情報を引き出すことができる．

例えば，

① 塩基配列から正確な制限酵素切断点を決定し，制限酵素地図を作成する．
② タンパク質として翻訳される領域（オープンリーディングフレーム：ORF）を推定する．
③ コドンの使用頻度を求める．
④ プロモーターや転写開始点，転写終結点を推定する．
⑤ Z型DNAや折れ曲がりDNA構造を予測する．
⑥ mRNAの二次構造を予測する．
⑦ ORFにコードされているタンパク質のアミノ酸配列を推定する．
⑧ 推定アミノ酸の配列をもとに親水性・疎水性，二次構造予測を行う．
⑨ 他のいくつかのDNA領域の配列や推定アミノ酸配列と相互に比較し，それらの間での類似領域を検索したり，類似度を算出する．
⑩ PCR反応に適切な配列を検索する．

パーソナルコンピュータ用の解析ソフトウェアとしては，GENETYXやGene-Worksなどが知られている．さらに，インターネットを経由して，わが国の国立遺伝学研究所のDNA Data Bank of Japan（DDBJ；http://www.ddbj.nig.ac.jp）や米国生物情報センターのNational Center for Biotechnology Information（NCBI；http://www.ncbi.nlm.nih.gov）に接続すれば，自分たちが決定した遺伝子の塩基配列をデータベースに登録したり，DDBJやNCBIが備えている大型コンピュータを利用して，次のような解析が可能となる．

① FASTAやBLASTなどのプログラムを利用し，DNA配列やアミノ酸

配列に基づいて，類似性の高い遺伝子やタンパク質を検索できる．
② たとえ塩基配列を解析した遺伝子の機能が未知であっても，類似性の高い遺伝子が検索できる．これにより未知遺伝子の機能が推定できる．とくに，塩基配列レベルでは類似性が低い場合でも，アミノ酸配列レベルで高い類似性を示す遺伝子が検索されることもある．
③ 類似性の高い遺伝子やタンパク質の間で進化の系統樹を作成できる．

　また，Protein Data Bank（PDB，英語ページ；http://www.rcsb.org/pdb/home/home.do，PDBj，日本語ページ；http://www.pdbj.org/index_j.html）にアクセスすることで，タンパク質の立体構造に関する情報を得ることができる．これまで，PDBのデータを利用してタンパク質の立体構造を予測するプログラムは，おもにUNIXワークステーション用に開発されてきたが，近年，パーソナルコンピュータ用のプログラムも開発されている．このほか，論文中の引用文献を検索し，その論文の要約を読むことができるデータベースとして，PubMed（http://www.ncbi.nlm.nih.gov/pubmed/）がインターネット上で公開されている．

6. 試験管内遺伝子増幅技術とその応用

　従来，目的遺伝子のコピーを大量に欲しい場合には，それをコピー数の多いベクターに組み込んで宿主に導入し，その細胞から組換え体プラスミドとして単離する方法が取られてきた．さらにいえば，宿主から分離したその組換えプラスミドを制限酵素で消化し，それを電気泳動にかけ，目的遺伝子のバンドとベクターDNAのバンドを分離する．そして，目的遺伝子のバンドのみをゲルから抽出することで精製していたのである．このように，目的遺伝子のコピーを得ることにはかなりの時間と労力を要してきた．ところが，1985年にマリス（K. Mullis）によって開発されたポリメラーゼ連鎖反応（polymerase chain reaction：PCR）法は，試験管内で目的遺伝子のコピーをたった数時間で何億倍にも増やすことを可能にした．今や，この技術は遺伝子工学分野をはじめ，さまざまな分野において不可欠なものとなっている．ここでは，PCRとその応用について解説するとともに，リアルタイムに遺伝子増幅をモニターできるPCR，すなわち，リアルタイムPCRについても解説する．

試験管内で遺伝子を増やすPCR法

　図 6-1 に示すように，現在行われている耐熱性のDNAポリメラーゼを用いたPCR法では，増幅させたいDNAの5'-末端に相補的な塩基配列をもった20～30塩基ほどからなるオリゴヌクレオチドをプライマーとして用いる．当然ながら，増幅したいDNAは2本鎖なので，その両鎖に対してプライマーを設計することになる．試験管内に，増幅させたいDNAと2種類のプライマーとを加えたのち，94～96℃で加熱し1本鎖にほどく．次に，55～65℃程度まで徐々に冷却すると，鋳型の1本鎖DNAのそれぞれに相補的なプライマーがそれぞれ結合する．ただし，このプライマーを結合させる温度は，一律に55～65℃程度ではなく，プライマーの配列に依存する．その後，4種類のデオキ

試験管内で遺伝子を増やす PCR 法　53

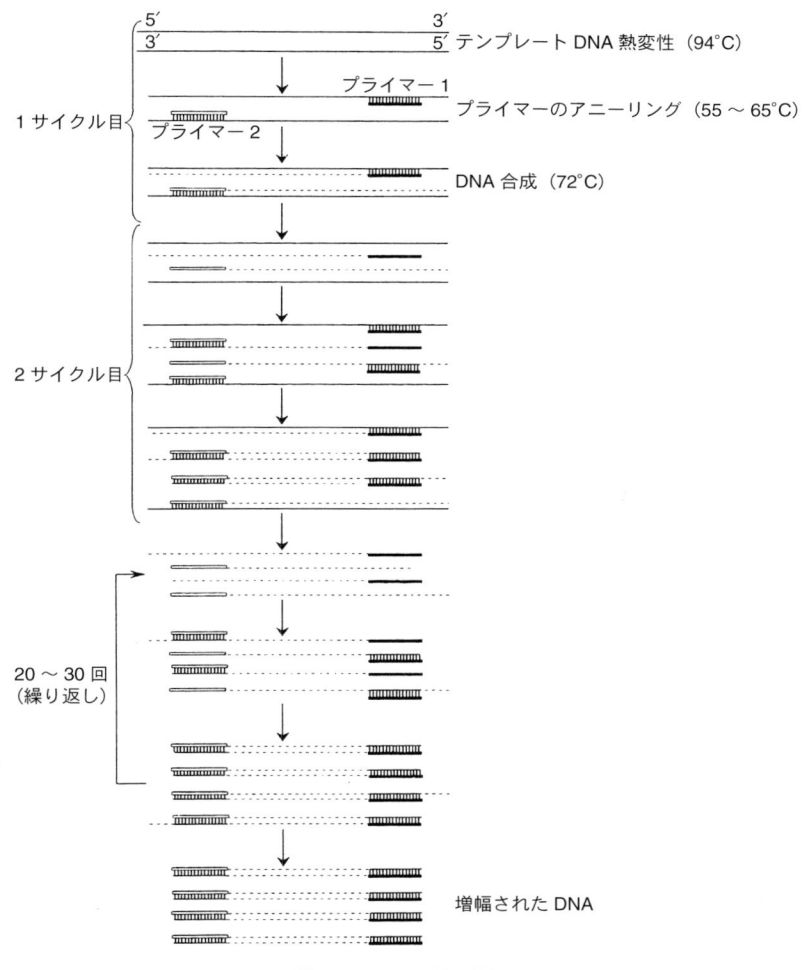

```
1 サイクル目 {
  5'—————————————3'  テンプレート DNA 熱変性（94℃）
  3'—————————————5'
          ↓
         プライマー1
  ━━━━━━━━        ━━━━━━━━    プライマーのアニーリング（55～65℃）
  ━━━━━━━━        ━━━━━━━━
  プライマー2
          ↓
                  ━━━━━━━━    DNA 合成（72℃）
  ━━━━━━━━
}

2 サイクル目 { … }

20～30 回
（繰り返し）{ … }

増幅された DNA
```

図 6-1　PCR 法の原理

シリボヌクレオシド三リン酸（dNTP）と耐熱性 DNA ポリメラーゼを用い，72℃程度で DNA の伸長反応を行う。

　このように，1本鎖への変性，プライマーのアニーリングおよび合成反応の3ステップからなる一連のサイクルを1回行うと，目的の DNA は2倍に増える。このサイクルを繰り返し行うことで DNA 領域はネズミ算式に増幅し，10回の反応で約1,000倍，30回の反応で，なんと1億倍以上にも目的 DNA 断

片が増える。

　DNAポリメラーゼとして，当初，クレノー酵素が用いられていた。ただし，この酵素は大腸菌由来のものなので，DNAの熱変性の過程で酵素活性が失われてしまう。よって，相補鎖の合成反応のたびに，この酵素を再添加しなければならなかった。この難問を解決したのが，好熱菌 *Thermus aquaticus* の生産するDNAポリメラーゼ（*Taq* ポリメラーゼ）の発見であった。100℃近くの温度に対しても耐えうるこの酵素を用いることで，ポリメラーゼの添加は最初の1回だけですむこととなった。

　ふつう，鋳型DNAのグアニン（G）とシトシン（C）の含量（GC含量）が高いとき，DNAの二次構造が形成されやすいが，高温環境下ではそれを防ぐことができる。幸いにも，*Taq* ポリメラーゼを用いた合成反応は70℃付近で行うため，二次構造の形成にともなう伸長反応の障害は最小限にとどめられる。さらに，耐熱性酵素の使用は，プログラム制御を備えたヒートブロックの開発に役立ったのである。ちなみに，この装置はサーマルサイクラーと呼ばれている（図6-2）。しかしながら，*Taq* ポリメラーゼは3′→5′エキソヌクレアーゼ活性がないため，相補鎖の合成中に誤った塩基を取り込んでしまうともはや修正はできない。通常，生体内でのDNA合成のミスの頻度は1×10^{-9}程度であるのに対し，*Taq* ポリメラーゼを用いると1×10^{-4}にまで増加する。この問題を解決するために，新たにDNA合成ミスをほとんど犯さない耐熱性DNAポリメラーゼが開発された。また，最近では，長鎖DNAの増幅に優れ

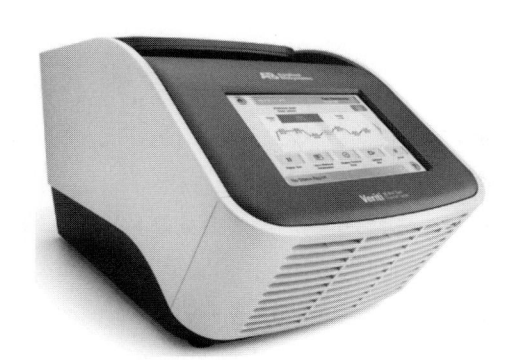

図 6-2　サーマルサイクラー
(Copyright©2013 Life Technologies Corporation. Used under permission)

表 6-1　PCR に用いられる主な耐熱性ポリメラーゼ

酵素名 (商品名)	合成速度 (塩基/秒)	正確性	3′末端の形状	起源
Taq	約 60	△[1]	A 突出	*Thermus aquaticus*
Tth	約 60	△	A 突出	*Thermus thermophilus*
KOD	約 120	○[2]	平滑末端	*Thermococcus kodakaraensis*
KOD-Dash	約 120	○	A 突出	*Thermococcus kodakaraensis*
Pfu	約 25	○	平滑末端	*Pyrococcus furiosus*

[1] 最初の酵素は DNA 合成の正確性に欠けていたが，現在，正確性の高い改変型 *Taq* ポリメラーゼが数多く市販されている．
[2] ○は△に比べ，より正確性が高い．

た耐熱性 DNA ポリメラーゼ等も開発され，さまざまな PCR アプリケーションで活躍している．**表 6-1** にはそれらいくつかの耐熱性ポリメラーゼを示す．

PCR 法で何ができるか

❶ 似たもの遺伝子の検索と PCR 産物のクローニング

近縁関係にある菌株間では，同じ機能をもった酵素の遺伝子はしばしばきわめて似た塩基配列を示す．そこで，既知遺伝子の塩基配列に基づいてプライマーをデザインし，近縁な菌株から調製した DNA を鋳型として PCR を行うことがある．幸いにも，ゲル泳動分析の結果，増幅された DNA バンドが現れれば両菌株には類似遺伝子が存在することになる．

　ふつう，*Taq* ポリメラーゼなど，3′→5′エキソヌクレアーゼ活性をもたない耐熱性ポリメラーゼを用いて合成された DNA 断片の 3′-末端には，アデニン塩基（A）が 1 個余分についているので，3′-末端にチミン塩基（T）をもつベクター（T-vector）と塩基対を形成して結合することができる（**図 6-3**）．これは TA クローニングと呼ばれ，PCR 産物をベクターに組み込む際にしばしば利用される．また，3′-末端に存在する A を T4 DNA ポリメラーゼで除去することにより，PCR で得られた DNA 断片の末端を平滑化し，それを平滑末端化したベクターに組み込んだりする（**図 6-3**）．

　一方，3′→5′エキソヌクレアーゼ活性をもつ耐熱性ポリメラーゼを用いて合成された DNA 断片の末端は平滑であるため，平滑末端化したベクターに直

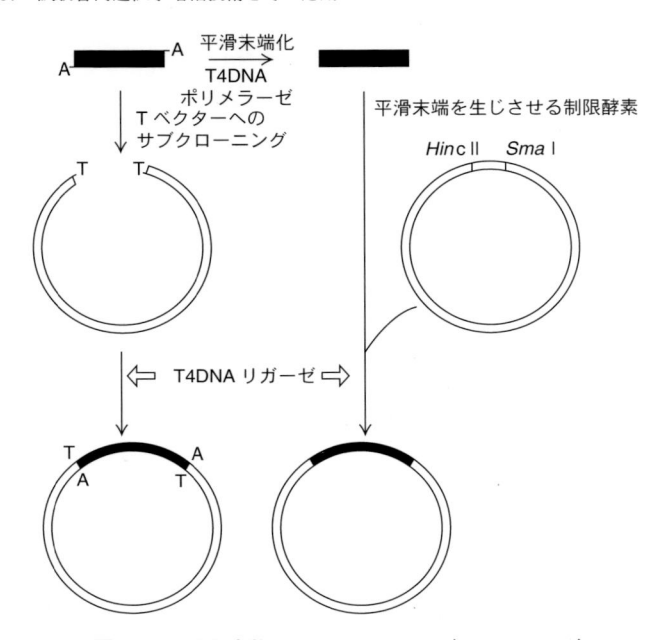

図 6-3 PCR 産物のベクターへのサブクローニング
PCR 増幅された DNA 断片は TA ベクターへ挿入したり，DNA 断片を平滑化したのちに，平滑化末端を生じさせる制限酵素で切断したベクターに挿入する．サブクローニングとはすでにクローン化された遺伝子を他のベクターに入れなおすことをいう．

接クローニングできる．ただしこの場合，PCR で用いるプライマーの 5′-末端をリン酸化修飾しておく必要がある．また，得られた平滑末端の PCR 産物を *Taq* ポリメラーゼで処理すると，3′-末端に A が付加されるため TA クローニングができるようになる．さらに，プライマーの 5′-末端に任意の制限酵素サイトを付加したものをデザインし，それを用いて PCR 反応を行うと，PCR 産物の両端に希望どおりの制限酵素サイトをもった DNA 鎖が得られるので，それを利用したクローニングが可能となる．

❷ 成熟型 mRNA に相補的な DNA をつくる

逆転写酵素（reverse transcriptase：RT）を用いると，真核細胞の成熟型 mRNA から，それに相補的な DNA（complementary DNA：cDNA）を合成することができ，続いて PCR を行うことにより cDNA を大量に得ること

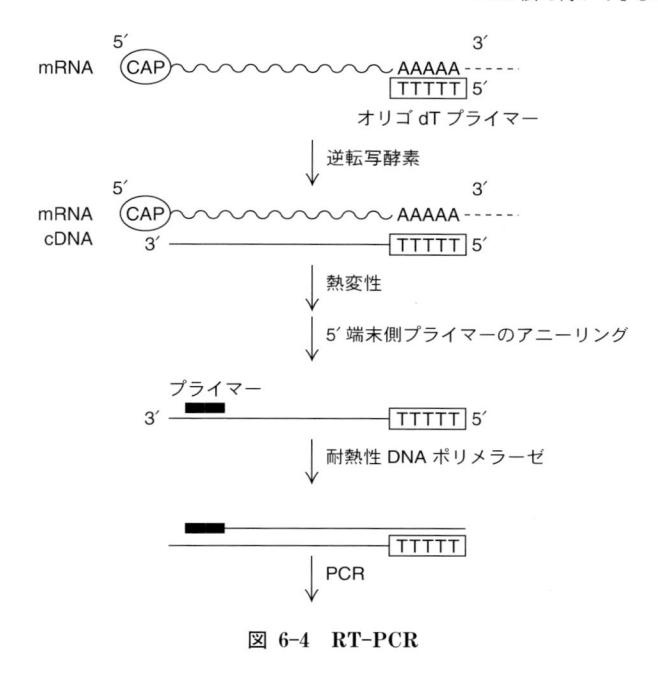

```
              5′                              3′
    mRNA    (CAP)〜〜〜〜〜〜〜〜〜AAAAA-----
                                  TTTTT 5′
                              オリゴ dT プライマー

                    ↓ 逆転写酵素

              5′                              3′
    mRNA    (CAP)〜〜〜〜〜〜〜〜〜AAAAA-----
    cDNA    3′─────────────────TTTTT 5′

                    ↓ 熱変性

                    ↓ 5′端末側プライマーのアニーリング

        プライマー
        3′ ■■■─────────────TTTTT 5′

                    ↓ 耐熱性 DNA ポリメラーゼ

           ■■■━━━━━━━━━━━━━━TTTTT

                    ↓ PCR
```

図 6-4　RT-PCR

ができる（図 6-4）。これは RT-PCR と呼ばれ，mRNA から一気に cDNA を増幅するきわめて魅力的な方法である。また，この方法には，細胞内にある全 RNA から mRNA をあらかじめ単離する必要はないといったメリットがある。ただし，DNA の混入がごくわずかでもあるとその DNA が鋳型となってしまい，目的の cDNA が増幅されないことがある。

　RT-PCR を用いると，ある遺伝子産物の全長型 cDNA を得ることができる。すなわち，まず，mRNA の 3′-末端に存在するポリ A テールにオリゴ dT プライマーを結合させ，逆転写酵素を用いて cDNA を合成する。次に，できた cDNA の 3′-末端の塩基配列に相補的なオリゴヌクレオチドとオリゴ dT をプライマーとして用いて PCR を行うことで，cDNA の全領域を PCR 増幅できる。ちなみに，5′-末端側のプライマー配列は，遺伝子産物の N-末端アミノ酸配列から推定する。

❸ PCR-DGGE 法とメタゲノム解析

　土壌，河川，海洋，汚染地域，動物体内などの自然環境中にはさまざまな微

生物が存在する。それらの微生物について調べる場合，顕微鏡を用いれば形態や運動などの情報はただちに得られるが，菌種の同定や生物量の評価には当然ながら時間がかかる。もし，環境から分離された微生物がプレート上で純粋培養できない場合には，その微生物を同定することすらできない。ちなみに，プレート上で培養できる微生物は，全微生物の1％にも満たないと推定されている。

　では，プレート上で培養できない微生物でも，その遺伝子解析は可能であろうか？　結論的にいえば可能である。すなわち，環境から抽出した微生物のDNAを直接解析すればよいのである。微生物の単一培養を経ず，微生物の集団から抽出したヘテロなDNAの解析をメタゲノム解析と呼んでいる。メタゲノム解析を行うためのツールの一つとして，PCR法と変性剤濃度勾配ゲル電気泳動（denaturing gradient gel electrophoresis：DGGE）法を組み合わせたPCR-DGGE法が知られている。この方法は，例えば，土壌中に存在する微生物の数や種を調べたい場合に用いられる。PCR-DGGE法では，まず，環境から抽出した微生物のDNAを鋳型として，16S rDNAをPCR増幅する。ちなみに16S rDNAとは，微生物のリボソームを構成する二つのサブユニットのうち，小さいサブユニット（30Sサブユニット）に含まれる16S rRNAをコードする遺伝子のことである。現在，16S rDNAの配列は，微生物の系統・分類に利用されている。16S rDNAを増幅したあとは，変性剤濃度勾配ゲルを用いた電気泳動で分離する。

　一般的なポリアクリルアミドゲル電気泳動法は，長さの違いによりDNAを分離する方法なので，当然，同じ長さのDNA鎖同士は区別できない。それに対し，DGGE法は，DNA変性剤（尿素とホルムアミド）の濃度勾配をつけたポリアクリルアミド中で電気泳動するので，たとえDNA長は同じであっても，塩基の種類に一つでも違いがあれば，2種類のDNA同士を区別できる。そのポイントは，GCクランプ（GCに富む配列）付きプライマーセットを用いるところにある。

　表6-2に示すプライマーセットを用いて増幅した2本鎖の16S rDNAを，変性剤濃度勾配アクリルアミドゲルで電気泳動すると，変性剤濃度の高いところで2本鎖DNA間の水素結合が切断される結果，1本鎖DNAに変性する。

表 6-2 DGGE法で用いられるプライマー例

プライマー	塩基配列	配列部位[a]	特異性
GC-341F	5′-GC クランプ[b]-CCTACGGGAGGCAGCAG-3′	341-357	細菌
907R	5′-CCGTCAATTCCTTT[A/G]ACTTT-3′	907-926	全生物

[a]：大腸菌の16S rRNA塩基配列部に相当
[b]：GC クランプ：CGCCCGCCGCGCCCCGCGCCCGTCCCGCCGCCCCGCCCG

しかしながら，GCクランプ部分は結合力が非常に強いためそのまま2本鎖を維持し，DNAが3方向に伸びた形を形成する。3方向に伸びたDNAは，ゲルの網目を移動する速度が著しく遅くなって，その場所に留まることになりバンドを形成する（図 6-5）。

異種生物間では，当然DNAの塩基配列が異なるため，A-TやG-Cの結合数や水素結合数が違う。したがって，バンドの数が増えることになる。このように，環境中から直接DNAを抽出しPCR-DGGE法を用いることにより，微生物種の数を特定できる。また，DGGEで分離されたDNAバンドを切り

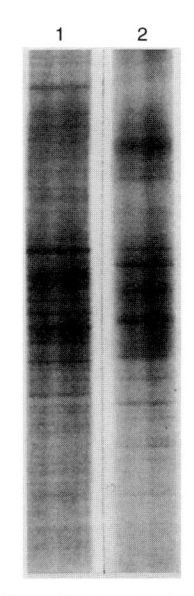

図 6-5 DGGE法を用いた地下水の微生物解析
レーン1は貧酸素条件下の地下水，レーン2は富酸素条件下での地下水を示す。バンドの数がそれぞれの微生物を示す。資料提供はバイオラッドのご厚意による。

出して，それを再びPCRにかけ塩基配列を決めることも可能である。その塩基配列の情報から微生物種を同定できることもある。

メタゲノム解析は，培養することなしに微生物の遺伝子解析を行えることから，プレート上で培養できない微生物の解析に威力を発揮する。上述したように，PCR-DGGE法はメタゲノム解析を行うための一つのツールではあるが，現在では高速シークエンス技術の発達により，環境から抽出したDNAを網羅的にシークエンスすることによるメタゲノム解析が主流となっている。いずれにせよ，従来の手法では純粋分離できない微生物も，これらの方法を使えば，その存在を示すことが可能となる。これは，新しい微生物の発見につながるものである。

PCR産物の直接シークエンス

プラスミドDNAにクローニングされたPCR産物は，クローニングサイトに隣接するプライマー結合部位を利用してシークエンス解析を行える。しかしながら，PCRでは誤った塩基を取り込んでいる可能性があるため，1種類のPCR産物について数個の組換え体DNAをシークエンスするのが望ましい。PCR産物を直接シークエンスする，いわゆる，ダイレクトシークエンス法では，たとえTaqポリメラーゼが取り込みミスをして，誤った塩基配列をもつPCR産物をいくらか合成してしまったとしても，鋳型となるPCR産物の大部分は正しい塩基配列をもっているので，PCR産物を鋳型とした塩基配列の決定に対し，誤った塩基配列をもつDNAが悪影響を及ぼすことはない。すなわち，正しい塩基配列をもったPCR産物の塩基配列を決定できる。ただし，PCR反応に用いられたプライマーを取り除く操作が必須である。具体的には，PCR終了後，電気泳動にかけそのゲルからPCR増幅されたDNAバンドを回収して鋳型とし，かつ，PCRをしたときと同じプライマーを用いて，シークエンス反応を行う。

リアルタイム PCR 法

❶ 蛍光色素法

　この方法は PCR を行う際，PCR 反応溶液に蛍光色素を添加するものである。蛍光色素としては，サイバーグリーン（**図 6-6**）が汎用されている。この色素は，二重ラセンを形成する DNA と特異的に結合すると，青色の光（波長 488 nm）によって励起され緑色の蛍光（波長 522 nm）を発する。したがって，PCR 反応溶液中にこの色素を加えておくと増幅された DNA 断片に結合するので，PCR 反応溶液に青色のレーザー光を照射すると，緑色の蛍光を発する。このとき，PCR によって DNA は指数関数的に増幅されるので，発せられる蛍光強度も指数関数的になる。リアルタイム PCR 法では，この蛍光強度を測定することにより，リアルタイムに DNA の増幅を観測するのである。すなわち，リアルタイム PCR を行う装置には，PCR 反応溶液中の蛍光色素を励起するためのレーザー光，発生した蛍光を検出するための検出器，および

図 6-6　サイバーグリーンの構造

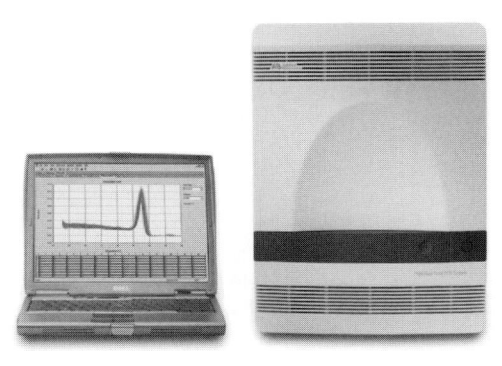

図 6-7　リアルタイム PCR 装置
（Copyright©2013 Life Technologies Corporation. Used under permission）

検出された蛍光強度をリアルタイムで観測するためのモニターが備えられている（図 6-7）。サイバーグリーンなどの蛍光色素を用いたリアルタイム PCR は簡便，かつ，安価であり，PCR 反応溶液に加えるだけでよいので，どのような遺伝子にも対応できる。ただし，目的の遺伝子が特異的に増幅される必要がある。なぜなら，目的遺伝子以外の非特異的な増幅が起こると，それに基づく蛍光も観測されてしまうからである。

❷ 蛍光標識プローブ法

　この方法は，PCR 反応液に目的遺伝子に対するオリゴヌクレオチドプローブを加えるものである。用いるプローブは蛍光標識されているので，蛍光標識プローブ法と呼ばれている。さらに，このプローブには工夫がなされており，蛍光物質に加え，通常の状態では蛍光を発しないようにする消光物質（クエンチャー）でも標識されている。すなわち，このプローブを PCR 反応溶液に加え，PCR 反応を行っていない状態でレーザー光を照射した場合，蛍光は発生しない。それでは PCR を行うと，いかにして蛍光が発せられるようになるのであろうか？　図 6-8 にその仕組みを示す。

　PCR では，まず，熱変性により 2 本鎖 DNA を 1 本鎖にする。続いて，目的遺伝子を増幅させるためのプライマーをアニーリングさせる。このとき同時に，加えたプローブが目的遺伝子の内部に結合するのである。その後，伸長反応を行うと，プライマーから DNA の重合が起こるが，プローブ部位に到達すると，DNA ポリメラーゼがもつ 5′→3′ エキソヌクレアーゼ活性によりプロ

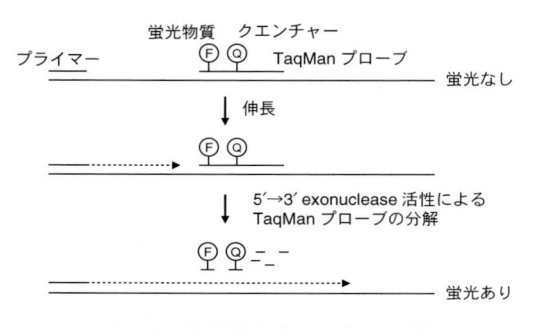

図 6-8　蛍光標識プローブ法の原理

ーブが分解される。この分解の結果，消光物質がもはや機能できない位置に離れてしまうので，レーザー光の照射により蛍光物質は蛍光を発するようになる。このプローブは，PCR 増幅に伴って指数関数的に分解されるので，発せられる蛍光も指数関数的に増加するのである。蛍光標識プローブ法は，増幅したい目的遺伝子ごとにプローブを作製しなければならないので蛍光色素法に比べ手軽ではなく，また，プローブ作製費用もそれほど安価ではない。しかし，用いるプローブは目的遺伝子にのみ特異的に結合するようにできるので，仮にPCR で非特異的な増幅が起こっても，それに基づく蛍光は発生しない。したがって，蛍光色素法に比べ，蛍光標識プローブ法は，より特異的に DNA の増幅を検出できるといえる。

7. 遺伝子の発現量を測定する

　例えば，癌細胞において薬剤耐性遺伝子が発現しているか，また，発現しているならばどの程度なのか調べることは，治療に用いる抗癌剤を選択するうえで重要になる．遺伝子の発現およびその量を調べる方法として，2000年までは主として半定量RT-PCR法が用いられていた．しかしながら，現在では，定量RT-PCRを用いることにより，定量的に遺伝子発現を調べることができる．

　定量RT-PCRが基本的に1つの遺伝子発現を解析するものであるのに対し，同時に多数の遺伝子発現を解析する技術が開発された．それがDNAマイクロアレイ解析である．DNAマイクロアレイ解析では，1回のハイブリダイゼーションにより，数千～数万もの遺伝子発現を一挙に解析できる．

　ここでは，遺伝子発現の解析技術である半定量・定量RT-PCR法，およびDNAマイクロアレイ解析について簡単に解説する．また，遺伝子の発現を調節する転写調節因子の結合部位を網羅的に解析する，いわゆる「クロマチン免疫沈降―シークエンシング法」(Chromatin immunoprecipitation：ChIP-sequencing) についても解説する．

半定量および定量RT-PCR

　半定量RT-PCRでは，細胞から全RNAを抽出したのちRT-PCRを行い，増幅されたcDNAをアガロースゲル電気泳動にかけ，そのバンドの強度により遺伝子の発現量，すなわち，転写物の量を解析する．なお，オリゴdTプライマー，ランダムプライマーあるいは遺伝子特異的プライマー (gene specific primer：GSP) が，逆転写反応におけるプライマーとして用いられる．この解析は，バンド強度を測定するため完全に定量的ではないので，半定量RT-PCRと呼ばれている．半定量RT-PCRにおいてはPCRのサイクル数の設定

が非常に重要である。なぜなら，PCRにおいてはサイクル数の増加に伴い，増幅産物の量はプラトーに達することが知られており，サイクル数をあまり大きく設定してしまうと増幅産物の量が初期鋳型量を反映しなくなるからである。

一方，定量RT-PCRは，逆転写反応とリアルタイムPCRを組み合わせた解析法である。リアルタイムPCRは増幅遺伝子を定量的に解析できるため，逆転写反応に引き続きリアルタイムPCRを行うと，初期mRNAの量を定量評価できるのである。リアルタイムPCRでは，目的遺伝子の増幅をリアルタイムにモニターでき，かつ，その増幅曲線から目的遺伝子の量を正確に定量できる。なお，定量の方法には，絶対定量と相対定量の2種類があるので，それぞれについて簡単に解説する。

絶対定量では，正確にコピー数が測定された目的遺伝子が必要である。まず，コピー数がわかっている鋳型を用いてリアルタイムPCRを行う。このとき，コピー数が10倍ずつ異なるようにするのがふつうである。リアルタイムPCRの結果は，図7-1に示すようになる。続いて，得られた増幅曲線から検量線を作成する。初期鋳型コピー数の常用対数値を縦軸に，ある蛍光強度を与えるサイクル数（これをCt値と呼ぶ）を横軸にプロットすると，この関係は直線になり図7-2に示すような検量線が得られる。その後，コピー数のわからない目的遺伝子を含む試料についてリアルタイムPCRを行い，増幅曲線からCt値を求め，得られたCt値を検量線に代入すると，初期鋳型のコピー数を正確に算出することができる。相対定量は，目的遺伝子と内部標準遺伝子の発現を同時に解析し，内部標準遺伝子の発現に比べ，目的遺伝子がどの程度発現しているかを相対的に比較定量するものである。この方法は簡便であり，通常，mRNAの発現定量は相対定量により行われる。内部標準遺伝子としてはハウ

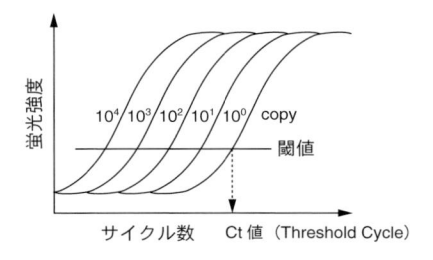

図 7-1　リアルタイム PCR により得られる増幅曲線

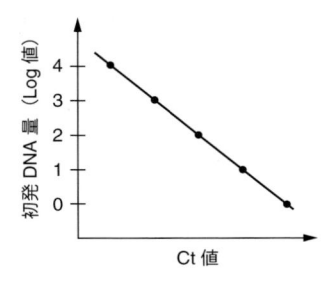

図 7-2 初期鋳型コピー数と Ct 値との関係

スキーピング遺伝子が用いられ，グリセルアルデヒド三リン酸脱水素酵素（glyceraldehyde tri-phosphate dehydrogenase: GAPDH）遺伝子が利用されることが多い。ちなみに，この遺伝子は半定量 RT-PCR においても，内部標準遺伝子として使用される。

DNA マイクロアレイ解析

DNA マイクロアレイ（DNA チップ）とは，スライドグラス等の基板を格子（グリッド）で区切り，それぞれのエリア内に 1 本鎖 DNA をスポットまたは直接合成して張り付け整列化させたものである。アレイ（alley）にはグリッドごとに 1 個，トータルで数千から数万種の DNA を結合させることができる。すなわち，膨大な遺伝子断片を一つの基板上に集約できるのが DNA マイクロアレイの最大の特長といえる。DNA マイクロアレイの作製法は，スポッティングによるものが主流であり，このために必要な装置はアレイヤー（またはスポッター）と呼ばれている。アレイヤーを用いることにより，必要に応じた DNA マイクロアレイをその都度作製することができる。基板にスポットする DNA（プローブと呼ぶ）としては，遺伝子の発現解析に用いるものであれば，cDNA またはオリゴヌクレオチドが用いられる。現在，数多くの DNA マイクロアレイが市販されているが，オリゴヌクレオチドプローブが主流となっている。

DNA マイクロアレイを用いた発現解析では，サンプル中に存在する mRNA の種類とその量，すなわち，どのような遺伝子がどの程度発現してい

るのかを解析することができる。この解析においては，通常，サンプルRNAから逆転写によりcDNAを合成し，これを蛍光標識したものをDNAマイクロアレイとハイブリダイズさせる。蛍光物質としては，Cy3やCy5といったものが用いられることが多い。ハイブリダイゼーションが終了したら，スキャナーにより蛍光を検出する。スキャナーとしては，共焦点レーザーを利用したものやCCDカメラを利用したものがある。

　例えば，ヒトの全遺伝子を載せたDNAマイクロアレイを用いると，たった1回のハイブリダイゼーションアッセイで，サンプル中の全遺伝子の発現状態を知ることができる。もし，このサンプルが同じ生物種の異なる形質を発現している細胞由来のmRNAであれば，その個体の形質と関連する遺伝子群をただちに見つけることができる。また，比較する2種類のRNAを，別々の蛍光色素によって標識後ハイブリダイゼーションさせれば，1回の実験で同一アレイによる比較や定量が可能となる。

　病気の原因が遺伝子レベルでわかるようになってくると，その病気にかかわる遺伝子の発現レベルを調べることが可能となる。すなわち，病気の進行状態や患者の体質によって，特定遺伝子の発現レベルに変化が生じることが期待される。DNAマイクロアレイを用いた発現解析は，病気の診断などに威力を発揮するものと思われる。また，DNAマイクロアレイ解析はRNAだけではなく，DNAの解析を行うことができる。例えば，サンプルDNAに含まれる遺伝子の変異や遺伝子多型のみならず，細胞の癌化に伴うDNAのメチル化や脱メチル化等も解析できる。すなわち，DNAマイクロアレイ解析は，医薬の分野において欠かせないものになっている。

クロマチン免疫沈降法による転写調節因子結合部位の網羅的解析

　転写調節因子とは，DNAに結合し，ある遺伝子の転写を促進あるいは抑制するタンパク質のことである。例えば，ある転写調節因子が病気と関連しているとき，その因子が調節する遺伝子を調べることにより，病気の原因遺伝子を明らかにできるかもしれない。転写調節因子が結合するDNAを明らかにする

ための方法の一つとして、ゲルシフトアッセイが知られている。これは、転写調節因子が結合するのではないかと思われるDNA断片をアイソトープなどで標識し、これと転写調節因子を混合した後、ポリアクリルアミド電気泳動で分離すると、転写調節因子と結合したDNAは結合していないものに比べ、その移動度が小さくなる（すなわち、DNAバンドがシフトする）ことを利用した方法である（図7-3）。この方法は、転写調節因子の制御する遺伝子がある程度予測がつく場合には有効であるが、全く見当がつかない場合には不向きである。

最初に登場した転写調節因子が結合するDNA領域を網羅的に解析するための方法は、上述したDNAマイクロアレイを利用したものである。この方法は、クロマチン免疫沈降とDNAチップを用いるので、ChIP-Chip法と呼ばれている。この方法では、まず、クロマチンDNAとそれに結合している転写調節因子との間を架橋し、強固な複合体を形成させる。次に、クロマチンをソニケーションにより切断した後、転写調節因子に対する抗体を用いて免疫沈降を行う。続いて、免疫沈降で得られた産物を脱架橋化することにより、転写調節因子が結合していたDNA領域を得ることができる（図7-4）。最後に、得られたDNAを標識した後、プロモーター領域をスポットしたアレイとの間でハイブリダイゼーションを行えば、転写調節因子が結合していたプロモーターを明らかにすることができるのである。この方法は、確かに網羅的な結合領域の解析が可能であるが、DNAマイクロアレイの作製が必要であり、また、アレイ上にあるプロモーターに対してのみしか解析できない。

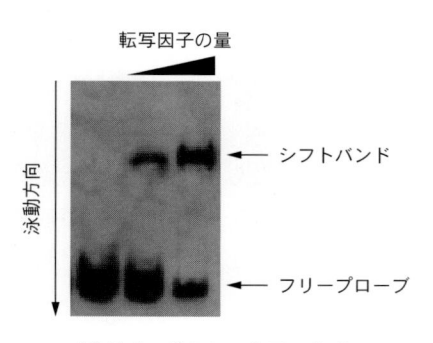

図7-3 ゲルシフトアッセイ

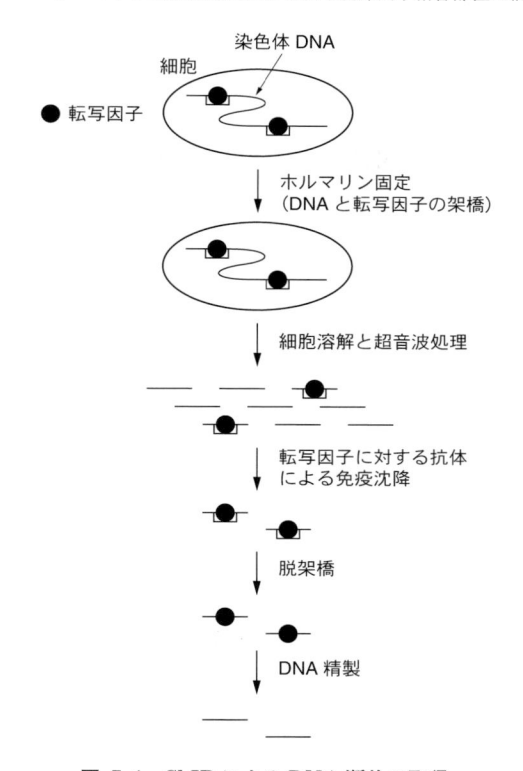

図 7-4　ChIP による DNA 断片の取得

　現在では，高速シークエンス技術の発達により，転写調節因子が結合する領域の網羅的解析には，ChIP とシークエンシングを組み合わせた方法が最も有力な方法として使用されている．この方法は，免疫沈降とそれに続く脱架橋化までは ChIP-Chip 法と同じであるが本法では文字どおり，免疫沈降によって得られた DNA をまるごとシークエンシングしてしまうところが ChIP-Chip 法と異なるところである．得られた配列情報から，染色体のどの位置に結合しているのか，コンピュータ解析により速やかに知ることができる．ただしこの場合，染色体 DNA の全塩基配列情報がわかっていなくてはならないのはいうまでもない．

8. 遺伝子に人工変異を与える

　遺伝子の構造と機能を解析したり，優れた機能をもった新規遺伝子を創生するために，もともとの遺伝子に対し人工変異を施すことがある．かつては，遺伝子に変異を与えるために，細胞に対し紫外線を照射したり，変異原となる化学物質で細胞を処理したりして，目的にかなった変異株をつくってきた（**表8-1**）．しかしながら，この方法では変異はランダムに起こるため，目的遺伝子上に変異が起こる確率はきわめて低いことになる．したがって，変異株の取得は偶然性に頼らざるをえなかった．

　たとえ思いどおりの表現型をもつ変異株が得られたとしても，次の課題として，目的とする遺伝子上に起こった変異であるか否かを解析する必要が残される．ただし最近では，高速シークエンス技術の発達により，比較的容易に微生物ゲノムの塩基配列を決めることが可能となったことから，染色体DNAのどの遺伝子に変異が起こったかを調べられるようになってきたのも事実である．

　現在，遺伝子の特定の場所に，確実に変異を起こさせる方法が確立されている．大別すると，目的遺伝子領域内にランダムな人工変異を与える方法と，あ

表 8-1　主な変異原とそれによる DNA の変異

変異原	塩基の変化
紫外線	チミン二量体
亜硝酸	（脱アミノ基→）塩基置換
5-ブロモウラシル	塩基置換
アルキル化剤 　ニトロソグアニジン 　エチルメタンスルフォネート	（脱プリン→）　塩基置換
アクリジンオレンジ マイトマイシン C	塩基挿入（フレームシフト）
過酸化物，フリーラジカル，放射線	DNA 鎖の切断

る塩基のみを狙って変異を起こさせる方法とがある。後者は、とくに、部位特異的変異（site-directed mutagenesis）と呼ばれている。ここでは、両者について簡単に紹介する。

ランダム変異法

　ランダムに変異を起こした遺伝子の作製方法の一つは、上述の古典的な方法と同じである。ただし、目的遺伝子を直接に変異処理するため、高い頻度で変異を導入することができ、しかも、変異部位の特定が容易である。例えば、亜硝酸は強力な化学変異剤であり、脱アミノ反応によりシトシンをウラシルに、また、アデニンをヒポキサンチンに変えてしまう。ウラシルはアデニンと、ヒポキサンチンはシトシンと対合できるため、DNA の伸長反応の際、CG 塩基対は TA 塩基対へ、また、AT 塩基対は GC 塩基対へと変異する。具体的には、ターゲット DNA 断片を M13 ファージベクターに挿入し、まず 1 本鎖 DNA を取得する。それを亜硝酸溶液で処理したのち、DNA ポリメラーゼ I を用いて相補鎖を合成する。次に、目的の DNA 断片を制限酵素で切り出し、プラスミドにつないで大腸菌に導入し、目的とする変異をもつ表現型を選択することで、望みの変異 DNA を得る。

　ランダムに変異を起こした遺伝子の作製方法のもう一つは、PCR を利用したものである。PCR に用いられる *Taq* ポリメラーゼは、ときどき間違った塩基を取り込むことがある。その際、微量のマンガンイオン（Mn^{2+}）存在下で PCR を行うと、塩基の取り込みミスが高頻度に発生するので、これを利用した変異導入が行える。ただし、PCR の際、Mn^{2+} が存在すると *Taq* ポリメラーゼの伸長能が阻害されるという欠点がある。現在、PCR を利用したランダム変異導入は、塩基の取り込みミスを起こしやすい耐熱性の DNA ポリメラーゼを用いて行われている。このポリメラーゼは、後述する部位特異的変異により人工的に開発されたものである。

部位特異的変異法

　ターゲット遺伝子の特定塩基のみを変異させる方法は，原理的には，合成オリゴヌクレオチドを用いる方法であり，変異もほぼ確実に起こすことができる．当初，一つのプライマーを用いるクンケル（T. A. Kunkel）により開発された方法が用いられてきたが，この方法は煩雑であり，また，変異導入効率もそれほど高くはなかった．その後，二つのプライマー（変異プライマーおよび選択プライマー）とミスマッチ修復を欠損した大腸菌 mutS 株を使用した方法が用いられるようになり，変異導入効率は上昇したものの，本法もそれほどシンプルなものではなかった．

　現在では，PCR と制限酵素 DpnI を用いる方法により，簡単かつ高頻度で特定塩基に変異を起こすことができる．ちなみに，DpnI は 5′-GATC-3′ 配列を認識し，この配列中のアデニン塩基がメチル化（片側鎖あるいは両鎖）された配列を切断する酵素であり，この酵素を用いるのが本法のポイントである．

　図 8-1 に本法の原理を示し，以下に解説する．標的遺伝子を保有するプラスミドを大腸菌から調製する．次に，プラスミド全体を PCR により増幅する．この際，用いる二つのプライマーの一つが，目的遺伝子に変異を導入させるものである．PCR 法の原理に基づき，PCR 反応溶液中では，両鎖に変異が導入された標的遺伝子を含むプラスミド全体が多数を占めることになる．ただし，PCR 反応溶液中には，元の鋳型や片側鎖だけが試験管内で増幅されたものなど，両鎖に変異が導入されていないものが存在する．

　このまま PCR 反応液を用いて大腸菌に導入しても，ある程度の確率で両鎖に変異が導入された標的遺伝子をもつプラスミドが得られるが，さらに確率を上げるために，制限酵素 DpnI を利用する．すなわち，PCR 反応後の溶液に制限酵素 DpnI を加えることにより，元の鋳型や片側鎖だけが試験管内で増幅されたものを切断するのである．この際，両鎖に変異が導入された標的遺伝子をもつプラスミド（両鎖とも試験管内で増幅されたもの）は切断されない．これは何故であろうか？　その鍵は「元の鋳型が大腸菌から調製されたものである」ということである．大腸菌は DNA アデニンメチラーゼを保有しており，5′-GATC-3′ 配列のアデニン塩基をメチル化するのである．すなわち，元の鋳

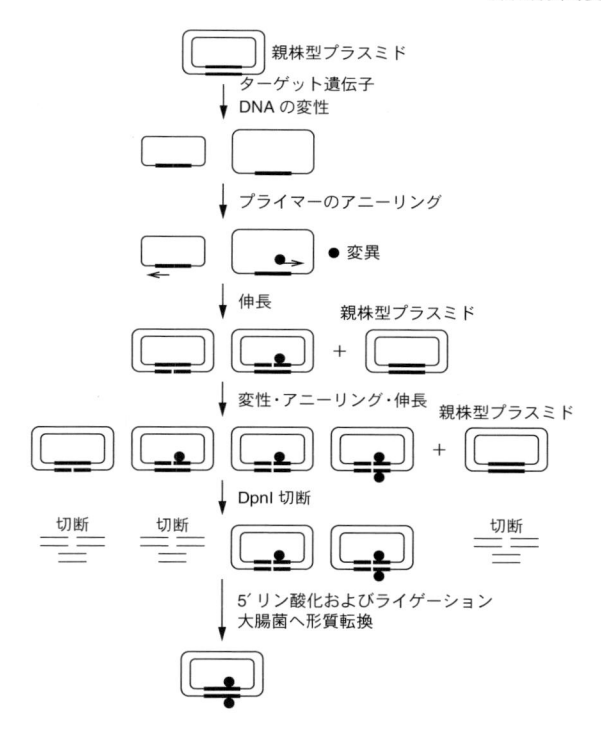

図 8-1 部位特異的変異法の原理

型や片側鎖だけが試験管内で増幅されたものは，その配列中に存在する 5′-GATC-3′ のアデニン塩基がメチル化されているため，制限酵素 *Dpn*I によって切断されてしまうのである。このようにして，PCR 反応後の溶液を *Dpn*I で処理し，余分な DNA を切断した後の PCR 反応溶液を大腸菌に導入することで，両鎖に変異が導入された標的遺伝子をもつプラスミドを高効率で得ることができるのである。

9. RNAにより遺伝子の発現を制御する

　標的遺伝子の発現を抑制する手法は，その遺伝子の細胞内における機能を知るうえで重要である．すなわち，標的遺伝子の発現を抑制することにより，細胞機能に変化が現れれば，その遺伝子の機能を知ることができる．遺伝子発現を抑制する手法としては，2000年ぐらいまで，おもにアンチセンス法やドミナントネガティブ法が用いられてきた．ちなみに，アンチセンス法では，標的遺伝子のmRNA（センスRNA）に対し相補的なRNA（アンチセンスRNA）を発現させ，RNA2本鎖を形成させることにより標的遺伝子の発現を抑制する．他方，ドミナントネガティブ法では，標的遺伝子の産物（正常に働くタンパク質）に対し，これより優位に働く機能欠損タンパク質をコードする遺伝子を発現させ，標的遺伝子の機能発現を抑制する．これらの手法は有効であるものの，標的特異性などに問題があった．ところが，1998年，ファイアー（A. Fire）らが線虫を用いた実験により，2本鎖RNAが配列特異的な遺伝子発現を抑制すること，すなわちRNAの干渉作用（RNA interference：RNAi）を発見し状況は一変した．1999年には小分子RNAであるsiRNA（small interfering RNA）が，2001年にはmiRNA（microRNA）がRNAiを引き起こすことが発見され，現在では，もっぱらRNAiを利用した遺伝子発現抑制（RNAサイレンシングと呼ぶ）が行われている．この章では，RNAiについて解説する．

RNA干渉を利用した遺伝子発現抑制

　図9-1にRNAiによるRNAサイレンシングの主たるメカニズムを示す．まず，長鎖2本鎖RNAやヘアピン型RNAが前駆体となり，これがダイサー（Dicer）と呼ばれるRNase III型の酵素により切断され，22塩基長程度の2本鎖siRNAや2本鎖miRNAが生じる．これら2本鎖小分子RNAは，アル

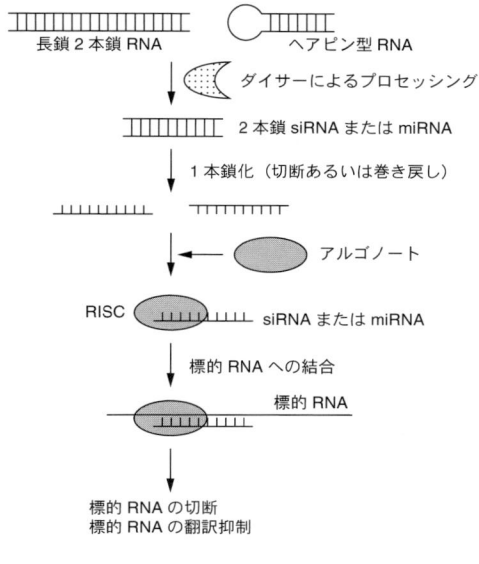

図中テキスト:
- 長鎖2本鎖RNA
- ヘアピン型RNA
- ダイサーによるプロセッシング
- 2本鎖siRNAまたはmiRNA
- 1本鎖化(切断あるいは巻き戻し)
- アルゴノート
- RISC siRNAまたはmiRNA
- 標的RNAへの結合
- 標的RNA
- 標的RNAの切断
- 標的RNAの翻訳抑制

図 9-1 RNAサイレンシング

ゴノート (argonaute) と呼ばれるタンパク質による片側鎖の切断, あるいはRNAヘリカーゼによる巻き戻しにより1本鎖となった後, アルゴノートと結合しRNAサイレンシングの中核をなす複合体RISC (RNA induced silencing complex) を形成する。RISCは, 結合した小分子RNAの案内により標的mRNAに結合し, アルゴノートが標的mRNAを分解 (slicer活性) するか, または標的mRNAの翻訳を抑制することにより, 遺伝子発現が抑制される。

現在, 哺乳類細胞における特定遺伝子の発現抑制には, もっぱらRNAの干渉作用が利用されている。実際には, 哺乳類細胞にsiRNAを直接細胞に導入するか, あるいはsiRNAを発現するベクターを導入する方法が取られている。前者では, 21塩基からなるsiRNAがおもに用いられている。このsiRNAは, 完全に相補的な2本鎖領域 (19塩基) と, センス鎖およびアンチセンス鎖の3′末端に2塩基の突出塩基を有した構造をもつ (**図 9-2**)。よって, このような構造をとるような21塩基のセンス鎖およびアンチセンス鎖を合成した後, 両鎖を結合させることにより2本鎖siRNAを作製し, それを哺乳類細胞に導入する。なお, 19塩基の相補領域の配列は, 標的遺伝子に対し

```
        センス鎖
5′ ○-○-○-○-○-○-○-○-○-○-○-○-○-○-○-○-○-○-○-○ 3′
  3′ ○-○-○-○-○-○-○-○-○-○-○-○-○-○-○-○-○-○-○-○ 5′
        アンチセンス鎖
```

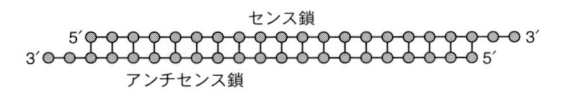

図 9-2　細胞導入に用いる siRNA の構造

て特異的であり，かつ，他の遺伝子に類似性をもたないようにする必要がある。

　後者では，siRNA に加工される shRNA（short hairpin RNA）を発現するベクターを導入する方法が取られている．すなわち，siRNA のセンス鎖およびアンチセンス鎖がループを介してつながった RNA が転写されるようなベクターを哺乳類細胞に導入する．すると，転写された RNA は shRNA となり，その後加工されて siRNA になるのである．この際，プロモーターとして RNA ポリメラーゼ III により転写されるものを用いると，転写された shRNA は細胞質でダイサーにより加工される．一方，プロモーターとして RNA ポリメラーゼ II により転写されるものを用いると shRNA 部分以外も転写されるので，核内でドロシャ（Drosha）と呼ばれる酵素により切断されてから細胞質に移行し，その後ダイサーで加工されることにより siRNA となる．いずれにせよ，shRNA から生じた siRNA が上述した過程で標的遺伝子の発現を抑制する．

　今や，siRNA を用いての RNA 発現抑制技術は，遺伝子機能を解析するための道具としてだけでなく，その高い標的特異性と遺伝子抑制効果の面から，医薬品としての期待が高まっている．例えば，癌細胞特異的に細胞死を誘導できるような siRNA は，抗癌剤として利用できるかもしれない．ただし，現時点では，解決すべき点が多いのも事実である．例えば，siRNA はヌクレアーゼにより分解されやすい点が挙げられる．そのため，経口投与はかなり難しく，また，血中に直接投与したとしても速やかに分解されてしまう．現在，ベンチャー企業を始め，多くの企業が siRNA 医薬品の開発に取り組んでおり，今後このような問題点が解決されれば，夢のような医薬品が開発されるかもしれない．

10. タンパク質の基本知識

　遺伝子のクローニングに成功し，その遺伝子の塩基配列が決定できても，それで研究が終了したとはいえない．DNA塩基配列は，タンパク質のアミノ酸配列を示したものであり，最終的にはそのタンパク質の構造と機能を明らかにする必要がある．

　本章では，著者の一人が取り扱ってきたタンパク質分解酵素（プロテアーゼ）の一つであるサーモライシンを例にとり，遺伝子を取得したのちに行われるタンパク質の分離精製，分子量の測定，およびアミノ酸配列の決定方法，またタンパク質の解析手法について解説する．

　サーモライシンは，1969年に日本人研究者によって発見された．本酵素は，耐熱性を有するプロテアーゼであり，人工甘味料アスパルテームの合成や各種工業用酵素として応用されている．本酵素のアミノ酸配列は，1972年，後に述べる「エドマン分解法」により決定され，ほぼ同時期，X線構造解析法によりその立体構造も明らかにされた．それぞれの成果は，独立に国際学術誌「*Nature*」に掲載され，当時のインパクトはかなり大きいものであった．

　その16年後，著者らはサーモライシン遺伝子の取得に成功し，そのDNA塩基配列からサーモライシンのアミノ酸配列を推定した．このアミノ酸配列は，「*Nature*」に掲載されたそれとは明らかに違っていた．その後，著者らの報告したアミノ酸配列のほうが正しかったことから，時々，そのときの状況を興奮ぎみに思い出すことがある．

　精製したタンパク質のアミノ酸配列を決定するには，エドマン分解法を用いることが一般的である．また，遺伝子をクローニングし，そのDNA塩基配列からアミノ酸配列を推定する方法でも可能である．現在では，かなりのスピードでDNA塩基配列が決定できるようになったことから，DNA塩基配列からアミノ酸配列を推定する場合が多くなった．それでも，タンパク質のアミノ酸配列の正確さを期すため，クローン化した遺伝子のDNA塩基配列の決定に加

えて，遺伝子を過剰発現させて大量に得たタンパク質のアミノ酸配列を決定する必要がある。

カラムクロマトグラフィー

タンパク質を分析したり精製するためのカラムクロマトグラフィーとは，その溶液に溶けているタンパク質とカラムに充填した担体（樹脂）との相互作用を利用して，タンパク質を分離する方法である。タンパク質は，それぞれ特有の分子サイズ，形状，等電点および生理活性などを有している。したがって，タンパク質の分離や精製にあたって，このような性質の違いを利用すればよいことになる。

分子サイズによって分離する方法をゲル濾過クロマトグラフィー（または分子ふるい法）と呼ぶ。それぞれのタンパク質には微妙に電荷の違いがあるので，それを利用して分離・精製する方法がイオン交換クロマトグラフィーである。そのほか，タンパク質の疎水性の違いを利用した疎水クロマトグラフィーや，生理活性や特定物質に対する反応性（または親和性）を利用するアフィニティークロマトグラフィーがあり，いずれもよく利用される方法である。イオン交換クロマトグラフィーやアフィニティークロマトグラフィーのように，タンパク質の担体への吸着と溶離を行う方法を，総称して吸着クロマトグラフィーと呼ぶ。

ところで，上記クロマトグラフィーは，従来使用されてきた軟質の担体を用いる方法と，高速液体クロマトグラフィー（high performance liquid chromatography：HPLC）の二つに大別できる。後者は文字どおり高速かつ高分離能を有するクロマトグラフィーである。両者の違いは担体粒子のサイズと素材による。例えば，ゲル濾過クロマトグラフィーの場合，軟質担体としては，デキストラン，アガロース，セルロースなどを架橋し，直径 $40\sim200\,\mu m$ 程度のビーズ状に加工したものが使用されるが，HPLC では $5\sim10\,\mu m$ の硬質粒子（プラスチックやシリカゲル）が使用される。

担体粒子が小さくなればなるほど，リガンドと担体分子の相互作用が密になり分離能が増していく。また，HPLC では硬質担体と耐圧カラムが使用され

るため，高流速が得られ高速での分離が可能となる．ゲル濾過クロマトグラフィーの場合，軟質担体法では10〜20時間を要する場合でも，HPLCでは30分から1時間程度で終了できる．ただし，HPLCでは粗抽出液などを大量に処理することなどはできないため，最初に軟質担体法である程度精製した後，HPLCで最終精製するのが一般的である．

分子量の近いタンパク質が混じっている場合，ゲル濾過クロマトグラフィーでは完全に分離できない．この場合，タンパク質の別の性質を利用したクロマトグラフィーを用いる．このように，タンパク質の分離・精製には，原理の異なる二つ以上のクロマトグラフィーを組み合わせて行うのが一般的である．

❶ ゲル濾過クロマトグラフィー

ゲル濾過クロマトグラフィーは，分子量の違いにより物質を分離する手法である．酵素活性を失うことなくタンパク質を分離でき，また分子量の解析にも利用されている．さらに，SDS-PAGE解析（後述）と組み合わせることにより，タンパク質のサブユニット構成を知ることができる．

例えば，あるタンパク質の分子量が，SDS-PAGE法で30 kDa，ゲル濾過クロマトグラフィーで60 kDaと算出された場合，本タンパク質は分子量30 kDaのサブユニット二つから構成されるタンパク質であると推定できる．

ゲル濾過カラムに充塡される担体は，三次元的に架橋された網目構造をもつ粒子状の高分子ゲルである．その架橋の程度によって，一定分子量以上のタンパク質は入ることができない．このような分子ふるいの効果をもつゲルを詰めたカラムに，分子量の異なる物質の混合物を通過させると，各タンパク質（図10-1のA〜E）は分子量の大小の順に溶出される．

よく使われるゲル濾過担体を表10-1に挙げるとともに，それを詰めたカラムでどれほどのサイズのタンパク質まで分画できるかも掲載した．例えば，Sephadex G-75を用いれば，分子量3,000〜80,000 Daタンパク質を分画できる．

このようにゲル濾過クロマトグラフィーは，生体高分子を分離するための方法の一つとしてよく用いられている．また，ゲル濾過クロマトグラフィーで使用する溶媒は，塩の入っていないものを用いることができるため，タンパク質

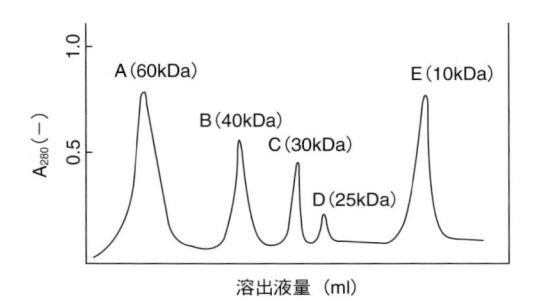

図 10-1 ゲル濾過クロマトグラム

タンパク質は 280 nm の波長の紫外線をあてると吸収するのでその吸収量を縦軸に，各種タンパク質の溶出に必要な液量を横軸に示した．ゲル濾過では分子量の大きいものから溶出する．

表 10-1 ゲル濾過クロマトグラフィーで用いられる代表的なゲル担体

ゲル名称	分画分子量（Da）
Sephadex G-25 Toyopearl HW-40 Cellulofine GH-25 Bio-Gel P-6	1,000〜5,000
Sephadex G-75 Toyopearl HW-50 Cellulofine GCL-300 Bio-Gel P-60	3,000〜80,000
Sephadex G-200 Toyopearl HW-55 Cellulofine GCL-1000 Bio-Gel S-200	5,000〜700,000
Sephrose 4B Toyopearl HW-65 Bio-Gel A-15m	30,000〜5,000,000

溶液からの脱塩にも利用される．ただし，ゲル濾過クロマトグラフィーは吸着を伴わないため，イオン交換クロマトグラフィーと違って大量処理には不向きである．そのため，本法は脱塩を兼ねた最終段階で用いられることが多い．

❷ イオン交換クロマトグラフィー

イオン交換クロマトグラフィーは，タンパク質と担体との静電的（イオン的）な相互作用を利用して分離する方法である。タンパク質のような両性電解質は，あるpHにおいて分子の正味の荷電が0になる。そのpH値を等電点（pI）という。タンパク質は，自己のpIより高いpHでは負の総電荷（net charge）をもつため，正の電荷をもつ陰イオン交換体に結合する。逆に，pIより低いpHでは正電荷をもつため，負の電荷をもつ担体，すなわち，陽イオン交換体に結合する。

通常，中性あるいは酸性のタンパク質（pI＜7.0）は陰イオン交換体に，一方，中性あるいは塩基性のタンパク質（pI＞7.0）は陽イオン交換体に結合させ，そのタンパク質を溶かした緩衝液（buffer）のイオン強度（塩濃度）を徐々に上げることによって，電荷の少ないものから多いものへと順番に溶離させる（図10-2）。

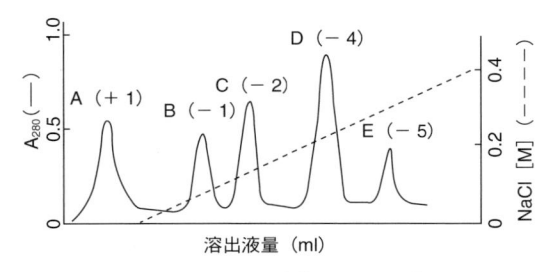

陰イオン交換クロマトグラフィーでは，陽イオン性の緩衝液（Tris・HCl buffer）を用いて目的タンパク質のpIより0.5以上高いpH（pH 7〜9）で，また，陽イオン交換クロマトグラフィーでは陰イオン性の緩衝液（例えばリン酸 buffer）を用い，pIより0.5以上低いpH（通常，pH 5〜7）で行うことが多い。

強イオン交換体は広いpH範囲で使用できるが，弱イオン交換体はpHに依存してタンパク質の結合能が変化する。よく使われているイオン交換クロマト

図 10-2 陰イオン交換クロマトグラム

中性あるいは酸性タンパク質を陰イオン交換体，例えばDEAE-Sephadexにアプライすると荷電度が高いものほどゆっくり溶出される。このクロマトグラフィーでは−Tris/HCl緩衝液に直線的濃度勾配をつけてNaClで溶出している。

表 10-2 イオン交換クロマトグラフィーで用いられる代表的なゲル担体

		荷電基の名称とその構造	市販のゲル担体の名称
陰イオン交換体	弱陰イオン交換体	ジエチルアミノエチル (DEAE) 基 $-(CH_2)_2N^+H(C_2H_5)_2$	DEAE-Sephadex, DEAE-Toyopearl, DEAE-Cellulofine, DEAE-Bio-Gel A
	強陰イオン交換体	ジエチル-(2-ヒドロキシプロピル)-アミノエチル (QAE) 基 $-(CH_2)_2N^+(CH_2CH(OH)CH_3)(C_2H_5)_2$	QAE (quaternized amioethyl)-Sephadex, QAE-Toyopearl
陽イオン交換体	弱陽イオン交換体	カルボキシメチル (CM) 基 $-CH_2COO^-$	CM-Sephadex, CM-Toyopearl, CM-cellulofine, CM-Bio-Gel A
	強陽イオン交換体	スルホプロピル (SP) 基 $-(CH_2)_3SO_3^-$	SP-Sephadex, SP-Toyopearl

ゲル担体を**表 10-2** に示す．なお，タンパク質を純粋に pI の差で分離する方法として，等電点電気泳動法があり，これを利用すればタンパク質の pI を求めることができる．

❸ 疎水性クロマトグラフィー

疎水性クロマトグラフィーは，疎水性相互作用を利用して分離する方法である．担体としては，ブチル基，フェニル基，オクチル基などの非電荷性の基をセルロース，アガロース，親水性合成樹脂などの担体に結合させたものが用いられる．

タンパク質の分離精製は，タンパク質溶液に硫酸アンモニウム（硫安）などの中性塩を加え，タンパク質の疎水性相互作用を強くしたのち行われる．この状態のタンパク質は，容易に疎水性担体と結合できる．多くの場合，この結合は可逆性であり，塩濃度を下げていくと担体からタンパク質が解離する．この場合，疎水性の低いタンパク質から順に解離してくる．

疎水性クロマトグラフィーと同様の原理は，逆相クロマトグラフィーである．この手法は，さらに疎水性の高い担体をカラムに充填後，タンパク質を結合させたのち，極性有機溶媒の濃度勾配により溶出するものである．しかし，分離能は優れているが，多くのタンパク質は溶出に用いる有機溶媒により変性

するため，主としてタンパク質の純度解析等に用いられる。

　サーモライシンの精製は，硫安塩析等で濃縮したのち，疎水性クロマトグラフィー，イオン交換クロマトグラフィーで精製を行い，最後に脱塩を兼ねてゲル濾過クロマトグラフィーを行うことにより，単一なタンパク質に精製することができる。このように，原理の違う複数のクロマトグラフィーを用いることにより，目的とするタンパク質を分離・精製することができる。

タンパク質のサイズを知る

　一口にタンパク質といっても，細胞機能をつかさどる酵素や転写因子，それに増殖因子などさまざまなものが存在する。これらの機能を明らかにする手始めに，分子量や等電点を始めとするタンパク質の物理化学的諸性質を調べる必要がある。タンパク質の分子量を測定するためには，ゲル濾過クロマトグラフィーやSDSポリアクリルアミドゲル電気泳動（SDS polyacrylamide gel electorophoresis, SDS-PAGE）法がよく使われる。最近では，それらに加えて，マススペクトル法も積極的に利用されている。

❶ SDS-PAGE (SDS-polyacrylamide gel electrophoresis)

　SDSとは，ドデシル硫酸ナトリウム（sodium dodecyl sulfate）の略称で，アニオン性界面活性剤の一種である。SDSの濃度を0.5 mM以上にすると，SDSはタンパク質と複合体（タンパク質1 gあたりSDSが1.4 g）を形成する。このとき，SDSの負電荷がタンパク質の電荷を上まわるので，SDS-タンパク質複合体は，タンパク質の種類にかかわらず，負の表面荷電をもつようになる。

　SDS-タンパク質複合体は，非常に細長い棒状の形態をとり，その太さはタンパク質の種類によらず一定となる。すなわち，複合体のサイズがその分子量と比例することとなる（ただし，酸性タンパク質や疎水性タンパク質では挙動が異なる，**図10-3**）。また，SDSと混合したタンパク質を水浴中で2～5分煮沸すると，S-S結合を有するタンパク質の場合，還元剤を添加するとS-S結合の解裂が起こるとともに，SDSのタンパク質への結合が生ずる。

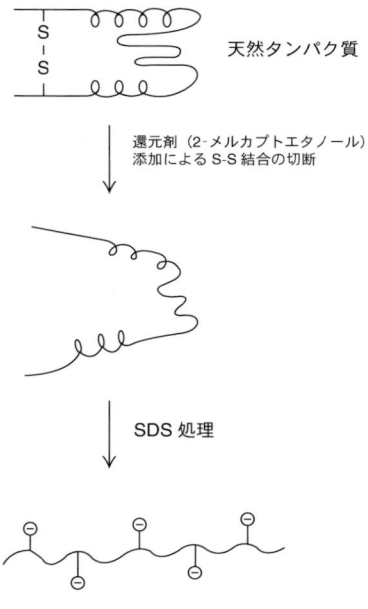

図 10-3 SDS とタンパク質との複合体

　負の表面荷電をもつ SDS-タンパク質複合体に電流を流すと，その複合体は陽極に向かって移動する。これをタンパク質の電気泳動（electrophoresis）と呼んでいる。このとき，支持体としてポリアクリルアミドやアガロースなどのゲルを用いると，SDS-タンパク質複合体はゲルの網目をくぐりながら陽極へ向かって移動する。

　複合体の長さが長いほど，またタンパク質の分子量が大きいほど，ゲルの網目に引っかかってしまい陽極への移動が邪魔される。このように，SDS-PAGE 法を用いれば，分子量の大きさによりタンパク質の混合物を個々に分離することができる。ただし，SDS 処理するとタンパク質の立体構造が崩れた状態になるため，その酵素活性は失われてしまう。これは，SDS-PAGE 法のデメリットでもある。

　いくつかのサブユニットから構成されるタンパク質は，SDS 処理すると個々のサブユニットに解離する。また，サブユニットが S-S 結合を介して結合している場合，例えば，γ-グロブリンでも，2-メルカプトエタノール（2-

mercaptoethanol）のような還元剤でS-S結合を切断すれば，構成サブユニットに解離する。

SDS-PAGE法はタンパク試料の量が少なくてすみ，手法が簡便でしかも安価である。にもかかわらず，きわめて高い分離能力をもつことから，分子量の測定に用いられるのはもちろんのこと，粗タンパク試料からの目的タンパク質の分離や，精製タンパク試料の構成サブユニット解析にも利用されている。

タンパク質の変性を伴うSDS-PAGE解析とともに，変性を伴わないゲル濾過クロマトグラフィーやネイティブPAGE（SDSを使用しないPAGE解析）を組み合わせれば，サブユニット構造を有するタンパク質の分子量を測定することができる（前述）。

一方，電気泳動後のゲルをそのまま観察しようとしても，ゲル中のタンパク質は目に見えない。そこで，クマシーブルー（coomassie blue）という色素を用いて，ゲル中のタンパク質を青く染める方法を用いる。この染色法の感度は低いが簡単に染められ，しかも，染色度とタンパク質濃度とで検量線が書けることから定量分析も可能である。

もし，タンパク質の濃度がかなり低い場合には，銀染色法が有効である。実際，クマシー染色に比べ100倍程度の感度がある。これまで銀染色は，染色過程がかなり煩雑であったが，最近，タンパク質の銀染色キットが市販されるに至り，今や容易かつ高感度で染色が行えるようになった。

SDS-PAGE法によりタンパク質の分子量を求めるためには，まず分子量がわかっている既知の標準タンパク質を同時に泳動し，片対数グラフを用い，縦軸に分子量，横軸に移動度をそれぞれプロットしたグラフを作成する（**図10-4**）。これを検量線と呼び，試料タンパク質の相対泳動度をその検量線に当てはめれば，そのタンパク質の分子量が求められる。ふつう，タンパク質の分子量は無単位ではなく，水素原子の1ダルトン（Dalton：Da）に換算して表すことが多い。すなわち，分子量30,000のタンパク質は30,000 Daまたは30 kDaとして表す。

SDS-PAGE法では，2枚のガラスを用いる平板（スラブ）ゲルの使用が一般的である（**図10-5**）。平板ゲルは，数多くの試料を同時に解析でき，泳動結果の比較も容易であるからである。また平板ゲルは，放熱しやすいため発熱に

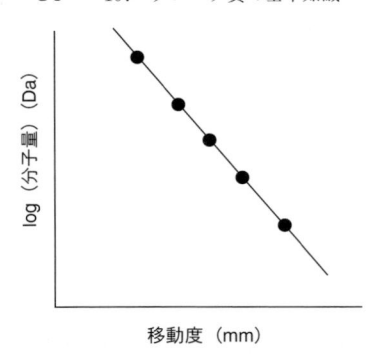

図 10-4 SDS-PAGE 後のタンパク質の移動距離と分子量との関係

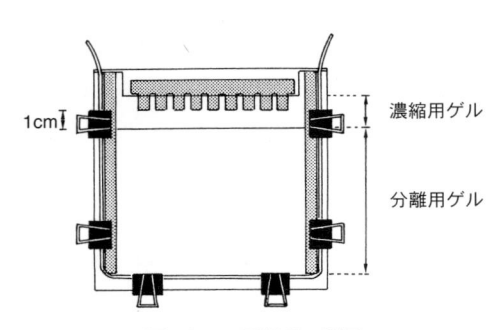

図 10-5 平板ゲル装置
くし（コーム）に多数のサンプルをアプライできる。

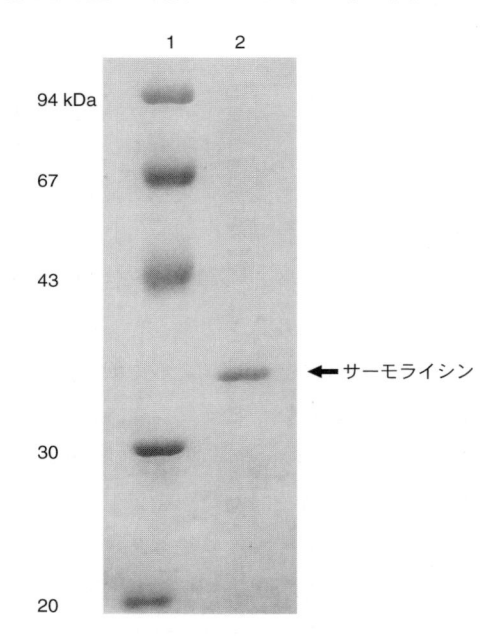

図 10-6 サーモライシンの SDS-PAGE
レーン 1：分子量マーカー，レーン 2：精製したサーモライシン

よるタンパク質バンドのひずみが少ない。

　SDS-PAGE 法には，ウェーバーとオスボーン（K. Weber & H. Osborn）により開発された連続緩衝液を用いる方法と，不連続緩衝液系を用いるレムリー（J. K. Laemmli）法がある。後者は，緩衝液の境面に SDS がスタッキング

するという問題点があるが，分解能が高いことから，前者に比べよく使われている。

図 **10-6** には，*Bacillus thermoproteolyticus* や *B. stearothermophilus* の培養液から各種クロマトグラフィーを用いて精製されたサーモライシンの純度検定と分子量測定を兼ねて，SDS-PAGE 解析結果を示している。標準タンパク質の移動距離との比較から，サーモライシンの分子量は約 34,000 ダルトン（34 kDa）であることがわかる。また，1 本のバンドとして確認できることから，この酵素が十分精製されていることも一目瞭然である。このように，SDS-PAGE 法を用いれば分子量のみならず，タンパク質の精製具合を目で確認することも可能である。

❷ マススペクトル

SDS-PAGE 法とゲル濾過クロマトグラフィー以外に，最近では，より正確な分子量を知るためにマススペクトルが利用されるようになってきた。マススペクトルは，中性高速原子あるいは高エネルギー粒子をタンパク質に衝突させることにより，タンパク質をイオン化させ生成したイオンの質量を質量分析計で測定するものである。

この方法は正確な分子量を測定できるが，測定装置が高価であることと，会合したタンパク質や異なるサブユニットから構成されるタンパク質では，個々の分子量を知ることができても全体の分子量を知ることが難しいなどの欠点もある。

マススペクトルの原理は次に示すとおりである。すなわち，一定の速さで運動する荷電粒子は，一様な磁場の中で円運動をする。イオンの質量を m，イオンの電荷数を z，電位差を U（加速電圧：volt），磁束密度を B（gauss），軌道半径を γ（cm）とすると，以下の関係が成り立つ。

$$m/z = (B\gamma/144)^2/U$$

z 価のイオンを U ボルトの電位差で加速すると，そのイオンは zU（eV）の運動エネルギーをもつ。上式から明らかなように，加速電圧 U を一定にし，一定の軌道半径上に検出器を置いて，磁場の磁束密度 B をゼロから徐々に大きくしていけば，検出器には m/z の小さいものから順次イオンが入射してく

る。これがマススペクトルであり，その装置を質量分析計という。

　低分子化合物と比べ生体高分子の分子量を求める場合には一工夫を要する。すなわち，揮発しにくいものや不揮発性の高分子物質をいかにしてイオン化して真空中に送り込むかがキーポイントとなる。

　例えば，2002年のノーベル化学賞は，タンパク質などの生体高分子を調べる技術に焦点が当てられた。島津製作所の田中氏は，質量分析のための「ソフトレーザー脱離イオン化法」を開発した。この技術開発により，それまで不可能とされていた「タンパク質を壊さないでイオン化すること」に世界で初めて成功したのである。

　これまで質量分析計で分子量を決定できるのは，数十のアミノ酸からなるペプチドが精一杯であったが，近年のイオン化法の急速な進歩は 30,000 Da 程度のタンパク質の分子量測定を可能にした。また，分析に用いる試料の量も $f$mol（10^{-15} mol）オーダーと，今やごく微量での分析が可能となっている。

　試料タンパク質のイオン化には，高速原子衝突（FAB, fast atom bombardment）法やプラズマデソープション（PD, plasma desorption）法が用いられる。また，分子サイズの大きなタンパク質の質量測定用として，二重収束質量分析計や飛行時間型（TOF, time of flight）の質量分析計が開発されているが，その原理の解説は専門書に譲る。

タンパク質のアミノ酸配列を決める

❶ N 末端および C 末端アミノ酸配列解析

　タンパク質のアミノ（N−）末端あるいはカルボキシル（C−）末端側に並んでいるアミノ酸がどのような配列を示すかが明らかになれば，そのタンパク質を構成するペプチド鎖が単量体からできているか，それともヘテロな二量体からできているかも推定できる。

　一方，目的タンパク質をコードする遺伝子をクローニングすると，次に行われるステップとしてその塩基配列が決定されることになる。その結果，タンパク質として読み取られる遺伝子上の位置がわかる。これは，日本語で読み取り枠，英語では Open Reading Frame（ORF）と呼ばれている。ORF の解析は

GENETYX のような市販の解析ソフトを用いれば簡単に確認できる。

もし，クローニングした遺伝子の塩基配列から推定されるアミノ酸配列と，実際に精製したタンパク質のアミノ酸配列が異なっている場合には次のことが考えられる。すなわち，遺伝子配列から推定したタンパク質のアミノ酸配列は，必ずしも成熟タンパク質のそれを反映しないことがある。

例えば，細胞外に分泌されるタンパク質は，分泌に必要なシグナル配列をN-末端側に有しており，その配列がシグナルペプチダーゼという酵素の働きで切り離され，成熟タンパク質として細胞外に分泌されるのである（図10-7）。したがって，塩基配列から推定したアミノ酸配列は，ときにシグナル配列を含むことがある。さらにいえば，ORF の N-末端アミノ酸は通常メチオニン（Met）であるが，タンパク質の多くはその Met が除去された後に機能することもしばしばである。

具体的な N-末端アミノ酸決定法としては，エドマン（Edman）分解法が一般的である。これは，タンパク質あるいはポリペプチド鎖の N-末端アミノ基をフェニルイソチオシアネート（FITC）で化学修飾することから始まる。得られたフェニルチオカルバミル（PTC）タンパク質を酸で処理すると，N-末端に位置するアミノ酸が，1個だけアニリノチアゾリノン誘導体（ATZ-アミノ酸）として遊離してくる。

この ATZ-アミノ酸を酸性で処理すれば，化学的に安定なフェニルチオヒダ

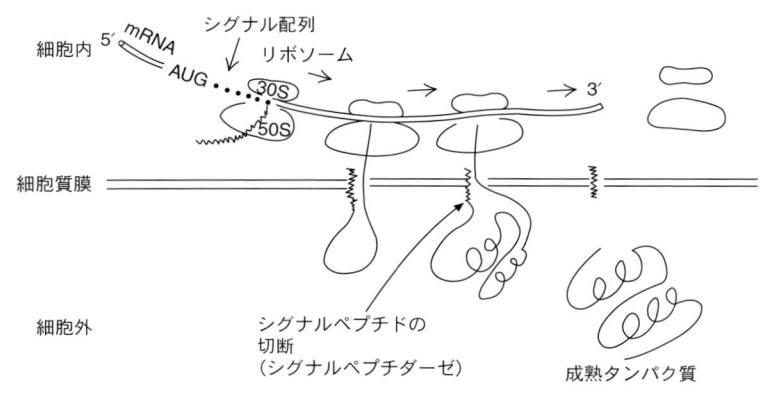

図 10-7　タンパク質の分泌のモデル

ントイン誘導体（PTH-アミノ酸）が得られる。これを逆相カラムクロマトグラフィーにかけ，既知の ATZ-アミノ酸と比較すれば，タンパク質やペプチドの N-末端アミノ酸が何かを決定できる（図 10-8）。この一連のステップからなる反応をエドマン分解という。したがって，エドマン分解を順次繰り返せば，N-末端から一つずつアミノ酸配列を決定できる。エドマン分解を自動化した機器がプロテインシークエンサーである。この機器を用いれば，タンパク質の N-末端から 30 残基ほどのアミノ酸配列が決定できる。

　タンパク質のアミノ酸配列の決定は，タンパク質を適当な長さに断片化したペプチドを調製し，それぞれについてアミノ酸配列を決定後，そのデータをつなぎ合わせればタンパク質全体のアミノ酸配列を決定することも可能である。タンパク質を断片化するには，Lys のカルボキシル基側を切断する *Achromobacter* 由来のプロテアーゼ I や Asp と Glu のカルボキシル基側を特異的に切断する *Staphylococcus aureus* 由来 V 8 プロテアーゼなどを用いて消化すればよい。トリプシンを用いれば，Arg や Lys のカルボキシル基側でタンパク質を切断できる。一方，臭化シアン（BrCN）を用いることで，化学的に Met のカルボキシル基側を切断することもできる。

　ところで，C-末端領域のアミノ酸配列を決定した報告は，N-末端のそれに比べればそれほど多くない。しかしながら，C-末端側のアミノ酸が除去されて初めて活性化するタンパク質も存在することから，C-末端アミノ酸配列の決定も重要である。

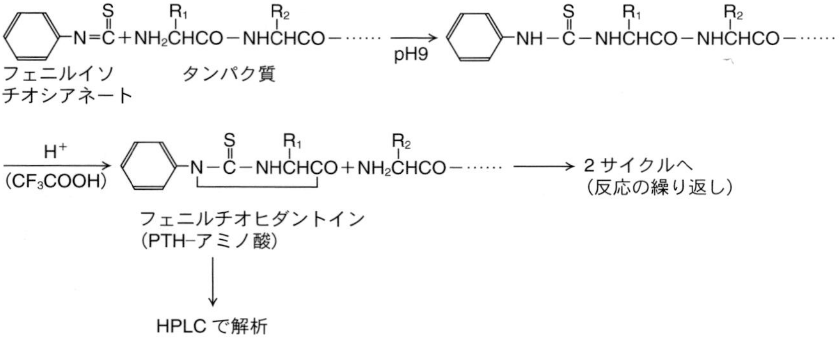

図 10-8　エドマン分解法による N-末端アミノ酸配列の決定

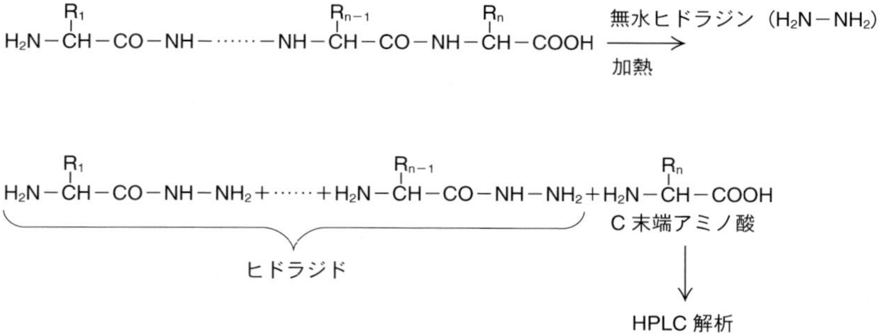

$$\underset{H_2N-CH-CO-NH-\cdots\cdots-NH-CH-CO-NH-CH-COOH}{\overset{R_1 \qquad\qquad\qquad R_{n-1} \qquad R_n}{}} \xrightarrow[\text{加熱}]{\text{無水ヒドラジン}(H_2N-NH_2)}$$

$$\underbrace{\underset{H_2N-CH-CO-NH-NH_2}{\overset{R_1}{}} + \cdots\cdots + \underset{H_2N-CH-CO-NH-NH_2}{\overset{R_{n-1}}{}}}_{\text{ヒドラジド}} + \underset{\underset{\text{C 末端アミノ酸}}{H_2N-CH-COOH}}{\overset{R_n}{}}$$

↓
HPLC 解析

図 10-9　タンパク質の C-末端側のアミノ酸配列の決定

　C-末端アミノ酸は，ヒドラジン分解やカルボキシペプチダーゼ（C-末端から1残基ずつアミノ酸を遊離させる酵素）を用いれば同定できる。タンパク質やペプチドを無水ヒドラジンと加熱すると，ペプチド結合は加水分解され，C-末端アミノ酸以外のアミノ酸はヒドラジドになる（**図 10-9**）。その際，C-末端アミノ酸は遊離アミノ酸になるため，アミノ酸分析用カラムを装着したHPLCで同定できる。ただし，C-末端アミノ酸がAsnやGlnの場合には，側鎖のアミドがヒドラジドになるため，その同定はかなり難しいのも事実である。

　ヒドラジン分解法では，C-末端アミノ酸が1残基しか解析できないため，数残基を調べたい場合には，カルボキシペプチダーゼ法が有効である。本酵素を用いて遊離してくるアミノ酸がそのままC-末端アミノ酸であり，経時的に遊離してくるアミノ酸を順次調べていけば，C-末端アミノ酸配列を同定できる。

❷ N-末端アミノ酸配列決定のもつ意味

　サーモライシンは，分子量が約34 kDaの分泌タンパク質であり，さらにその酵素学的な特徴が調べられた。その後，このタンパク質の遺伝子発現や機能解析のため，サーモライシン遺伝子がクローニングされ，そのDNA塩基配列からアミノ酸配列が推定されたのである（**図 10-10**）。

　サーモライン遺伝子の塩基配列から推定したアミノ酸の分子量は，約60 kDaであったが，微生物細胞から実際に得られたタンパク質の分子量は約34

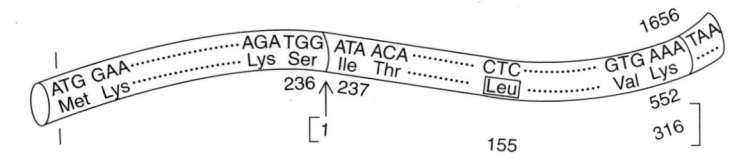

図 10-10 サーモライシン遺伝子とその塩基配列から推定されるアミノ酸配列の抜粋

サーモライシン遺伝子は開始コドン（ATG）から始まり終止コドン（TAA）で終わる 1656 bp のサイズをもつ．その塩基配列に基づいて 552 アミノ酸からなる前駆体タンパク質が生成されたあと，矢印↑のところで切れて，316 アミノ酸残基からなる成熟型タンパク質となる．カッコ内の数字は，成熟型タンパク質の N-末端からのアミノ酸配列番号を示す．また，☐は自己分解が起きるアミノ酸の一つを示す．

kDa であった．このことは，サーモライシン遺伝子の中には実際のタンパク質をコードする遺伝子以外も存在することを示唆するものであった．

　本酵素は分泌タンパク質であるため，当然，分泌に必要なシグナル配列が存在していることが予想された．先に述べたように，遺伝子から翻訳されたタンパク質は，機能を発揮するためにいろいろなステップを踏んだ後に，機能を有する成熟タンパク質となる（図 10-11）．具体的にいえば，塩基配列の情報は

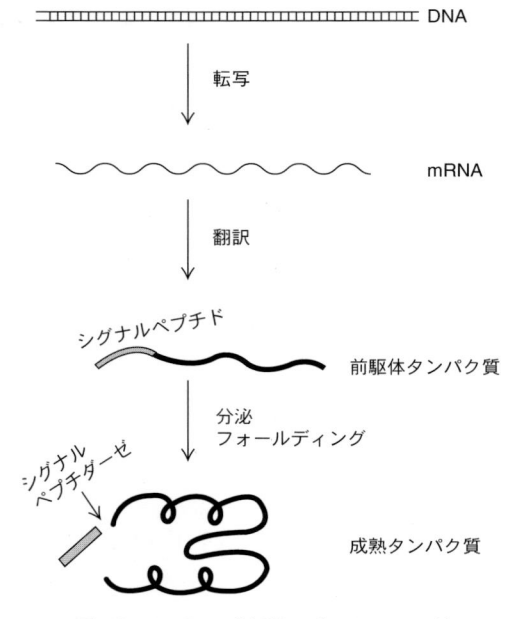

図 10-11 タンパク質のプロセッシング

翻訳直後のタンパク質を反映し，必ずしも成熟タンパク質を意味するものではない。翻訳直後のタンパク質から成熟タンパク質になるためにはプロセッシングと呼ばれ，シグナルペプチドを切り離すステップを踏むものもある。

　微生物を培養し，その培養液からサーモライシンを SDS-PAGE 法でチェックしつつ，シングルバンドになるまで精製した。そのタンパク質の N-末端アミノ酸配列は，実際，Ile-Thr-Gly-Thr-Ser-Thr-Val-Gly-Val-Gly であった。これを遺伝子配列から推定したアミノ酸配列と比較したところ，N-末端から 237 番目以降のアミノ酸配列と完全に一致したのである。

　これは，1 番から 236 番目のアミノ酸配列は，サーモライシンのプロセッシングに関与する配列であり，237 番目からのアミノ酸からが成熟タンパク質であることを示唆している。すなわち，この酵素は，まず長いポリペプチドとして翻訳されるのである。実際には，この 236 個のアミノ酸からなる配列には，シグナル配列に加えて，プロテアーゼに特異的に存在するプロ領域も存在して

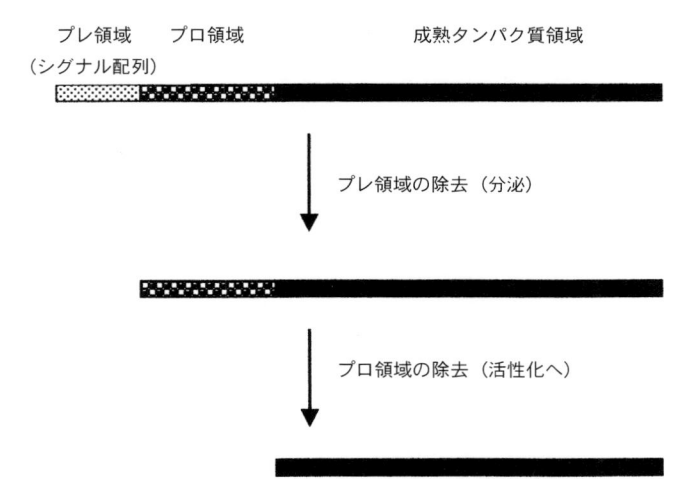

図 10-12　サーモライシンの成熟過程
Bacillus 属細菌がつくるこのプロテアーゼには，成熟タンパク質領域の前にプレ領域とプロ領域が存在する。プレ領域は，分泌タンパク質に特徴的なシグナル配列に相当する。一方，プロ領域には，プロテアーゼ活性をマスクしたり，成熟タンパク質のフォールディング（折りたたみ）を誘導する役割がある。サーモライシンは，プレプロ領域を付加した前駆体タンパク質として合成され，分泌の際，シグナルペプチダーゼにより，まずプレ領域が除去される。その後，プロ領域をもったサーモライシンは自身でプロ領域を取り除き，成熟タンパク質となる。

いたのである（図 10-12）。

シグナル配列（プレ領域）は，いわば細胞膜を通過して菌体外に分泌する運び屋である。一方，シグナル配列の後に並んで存在する配列（プロ領域）は，菌体内でプロテアーゼ活性が発現しないようマスクする目的で存在する。すなわち，このプロ領域は，プロテアーゼがそれを産生する細胞自身にストレスをかけたり，増殖に対し悪影響を及ぼさないために存在するのかもしれない。

アミノ酸とタンパク質の関係

タンパク質はアミノ酸が順次並んだものであり，それを一次構造と呼んでいる。天然アミノ酸は 20 種類，その並び方と連結数でタンパク質の構造と機能が決まる。ところが実際は，すべてのタンパク質は直線状ではなく，立体的に複雑な構造をとっているのである。ただし，今のところ，一次構造から立体構造を導くための法則性についてはわかっていない。

さて，タンパク質の立体構造を論ずる前に，まず各アミノ酸の特徴を簡潔に述べてみる。20 種類のアミノ酸のうち，水に溶けにくい，すなわち，疎水性アミノ酸を第 1 に挙げると，そのカテゴリーに入るものは，アラニン（Ala），バリン（Val），ロイシン（Leu），イソロイシン（Ile），フェニルアラニン（Phe），プロリン（Pro）およびメチオニン（Met）である（**表 10-3**）。

一方，第 2 の種類としての極性アミノ酸の仲間は，システイン（Cys），セリン（Ser），スレオニン（Thr），アスパラギン（Asn），グルタミン（Gln），ヒスチジン（His），チロシン（Tyr），トリプトファン（Trp）である。

第 3 の種類として，荷電アミノ酸を挙げると，負電荷を有するアスパラギン酸（Asp）やグルタミン酸（Glu）のほか，正電荷を有するアルギニン（Arg）やリジン（Lys）が含まれる。

グリシン（Gly）は特別な性質をもつので，第 4 の種類としてもよい。

芳香環をもつアミノ酸は，フェニルアラニン，チロシン，トリプトファンである。チロシンの水酸基は水素結合を形成するのに役立つとともに，その水酸基はリン酸化を受けやすい。トリプトファンの NH 基は水素結合の供与体として働いている。また，セリンやスレオニンの水酸基も水素結合に関与する

表 10-3 アミノ酸の分類

性　質	アミノ酸名とその表記法		
	フルネーム	1文字	3文字
疎水性アミノ酸	アラニン	A	Ala
	バリン	V	Val
	フェニルアラニン	F	Phe
	イソロイシン	I	Ile
	ロイシン	L	Leu
	プロリン	P	Pro
	メチオニン	M	Met
極性アミノ酸	セリン	S	Ser
	スレオニン	T	Thr
	チロシン	Y	Tyr
	ヒスチジン	H	His
	システイン	C	Cys
	アスパラギン	N	Asn
	グルタミン	Q	Gln
	トリプトファン	W	Trp
荷電アミノ酸	アスパラギン酸	D	Asp
	グルタミン酸	E	Glu
	リジン	K	Lys
	アルギニン	R	Arg
その他	グリシン	G	Gly

し，もちろんリン酸化も受けやすい．グリシンはタンパク質の構造に柔軟性をもたすのに役立っている．

　タンパク質を構成するアミノ酸の連なりは，バックボーンあるいは主鎖と呼ばれ，ペプチド結合が繰り返し並んでいる．そのバックボーンから種々の側鎖が突き出ていると考えることができる．したがって，主鎖原子を構成しているのは，側鎖が結合した炭素原子（$C\alpha$）と$C\alpha$に結合したNH基およびCO（カルボニル）基である．カルボニル炭素はC'と書くことが多い．すなわち，ペプチド結合部分はNH-$C\alpha$-H-C'Oと表せる．

　タンパク質の結晶をX線解析してみると，多くのタンパク質には，規則的な繰り返し構造をもつポリペプチド鎖が随所に見られる．その一つがα-ヘリックスである．これは右巻きのラセンで，軸に沿って5.4 Å ごとに1回転し，

同じ鎖のカルボニル基とイミノ基との間で水素結合を形成している。

　左巻きのヘリックス，すなわち，左巻きのラセン構造とならないものは，もし，L型のアミノ酸が左巻きを取ろうとすると，カルボニル基の酸素原子と次のアミノ酸の α 炭素原子に結合した側鎖の β 炭素原子がぶつかってしまうからである。

　一方，バックボーンが伸び切って，ひだ折りの構造をとる場合がある。これを β 鎖（β-strand）と呼ぶ。この伸びた β 鎖が隣り合って並ぶと，水素結合が都合よく形成される。このようにして，鎖間の水素結合によってポリペプチド鎖がシート状に並んだ構造を β-シートと呼んでいる。タンパク質中には，α-ヘリックスや β-シート以外に，ターン（turn）構造やループ（loop）構造が存在する。これらの構造はタンパク質の二次構造と呼ばれる。

　図 **10-13** にはペプチド単位に分けたポリペプチド鎖の一部分を示している。このペプチド単位は，Cα-C′ 結合と N-Cα 結合の周りでのみ回転でき，N-Cα 結合の周りの回転角を ϕ（ファイ），Cα-C′ 結合の周りの回転角を ψ（プサイ）と表現する決まりになっている。アミノ酸の ϕ および ψ の組合せのほとんどは，側鎖と主鎖との間に立体的衝突が起こるために許されない。許される組合せについては理論上計算できる。立体的に許される ϕ と ψ の角度の制約を最初に計算したのがインドの生物物理学者ラマチャンドラン（G. N. Ramachandran）である。

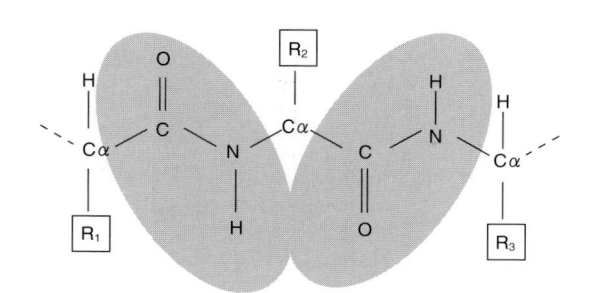

図 10-13　タンパク質におけるペプチド単位
単位を灰色の楕円で囲んでいる。R$_1$〜R$_3$ はアミノ酸の側鎖を示す。各ペプチド単位は，残基 n の Cα 原子と C′=O 基ならびに残基 n+1 の αNH 基と Cα を含んでいる。この単位の中の原子はすべて同一平面内に固定され，結合距離と結合角はほぼ同一となる。

光で知るタンパク質の二次構造

　ゆで卵の白味は，生卵のそれとは見た目に明らかに違うと誰もが思う。その原因は卵のタンパク質が熱で変性したからである。一度，タンパク質が熱変性すると，もはや元には戻らない。ところが，100℃以上の環境下で生きる微生物がいるのも事実である。もちろん，ゆで卵のように100℃で固まってしまうことはない。この微生物は好熱菌と呼ばれ，それが生産する酵素は，当然ながら熱に対して耐性を示す。

　アメリカのイエローストーン公園内にある温泉から見つかった好熱細菌 *Thermus aquaticus* の産生するDNAポリメラーゼは，当然，耐熱性を示し，その性質ゆえにPCRの強力なツールとして使われている。最近では，火山や海底のマグマから新規微生物がかなり分離されており，そこから新規の耐熱性酵素が見つかっている。

　では，タンパク質の耐熱性はどのように獲得されていったのであろうか？この問いに対する正解を得ることはきわめて難しい。極言すれば，それをつくる微生物に聞くしか理由はわからない。おそらく，微生物の棲む環境が変化すると，それに適合しようと遺伝子に変異が生じ，高温でも変性しないよう進化していったと想像するしかない。

　著者らも，耐熱性酵素の進化の過程に興味を抱く一人であり，温泉から分離した好熱菌 *Bacillus stearothermophilus* がつくるサーモライシンの耐熱性の獲得について研究を続けている。その成果として，この酵素分子中のアミノ酸残基の一つが換わるだけで熱耐性を獲得することがわかった。

　一方，このサーモライシンはタンパク質分解酵素であるため，高温下に置くと自己を基質として認識し，自らを分解してしまう性質をもっている。おもしろいことに，精製すればするほど自己分解されやすくなるのである。

　実際，単一タンパク質まで精製したサーモライシンは，4℃においてはきわめて安定であり，自己分解はほとんど認められない。しかしながら，サーモライシンの活性発現に最適な温度である70℃付近に温度をシフトすると自己分解が起こる。その証拠であるSDS-PAGE分析結果を**図10-14**に示す。

　この図を見れば明らかなように，低分子側に複数のバンドが認められる。こ

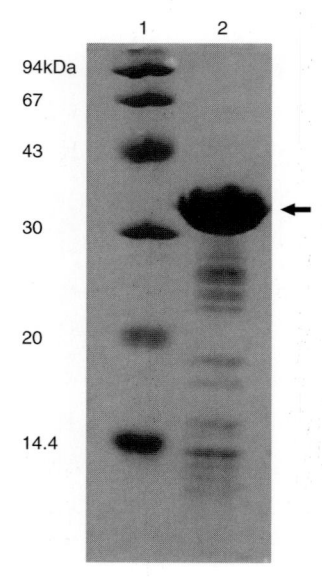

図 10-14 サーモライシンの自己分解
単一タンパク質まで精製したサーモライシンを 70℃の環境下に置くと複数のタンパクバンドが現れる。

れらが自己分解により生じた断片であり，この自己分解断片の N-末端アミノ酸配列を分析することにより，**表 10-4** に示すような自己分解点を明らかにした。

　もし，サーモライシン分子中に自己分解を抑えるための変異が導入できれば，自己分解が減少し，ひいては熱安定性を付与できるかもしれない。そう考

表 10-4　サーモライシンの自己分解点の解析

自己分解バンド (kDa)	N-末端アミノ酸配列	自己分解点
22	Gly-Gln-Thr-Phe-Ile	Asp^{126}—↓Gly^{127}
16	Leu-Ile-Tyr-Gln-Asn	Gly^{154}—↓Leu^{155}
12	Met-Ser-Asp-Pro-Ala	Ser^{204}—↓Met^{205}
11	Pro-Ala-Lys-Tyr-Gly	Asp^{207}—Pro^{208}

えて，さっそく部位特異的変異法（第8章を参照）を用いて，成熟型サーモライシンにおける自己分解点の一つである155番目のLeu（図10-10参照）をPheあるいはAlaに換えてみた．**図10-15**には，サーモライシンの自己分解点と置換したアミノ酸の位置関係を立体構造学的に示している．

それぞれの変異酵素を精製し，それらの80℃での熱安定性を比較してみたところ，本タンパク質を構成する316個のアミノ酸残基のうち，155番目のLeuをPheあるいはAlaに換えただけで，換言すればわずか一つのアミノ酸を換えただけで，見事に熱安定性を獲得したのである（**図10-16**）．

自然界では，長い年月をかけて耐熱性の環境に慣れることで，その環境にマッチするようDNAの塩基配列に変化が生ずるのであろう．塩基配列が変化すれば，アミノ酸の配列にも変化が生じ，それが熱安定性を獲得する要因となるのかもしれない．そう考えれば，遺伝子さえあれば，一部の塩基配列を変えることで，新規のタンパク質や酵素を人工的に創生できる．今後は，アミノ酸の

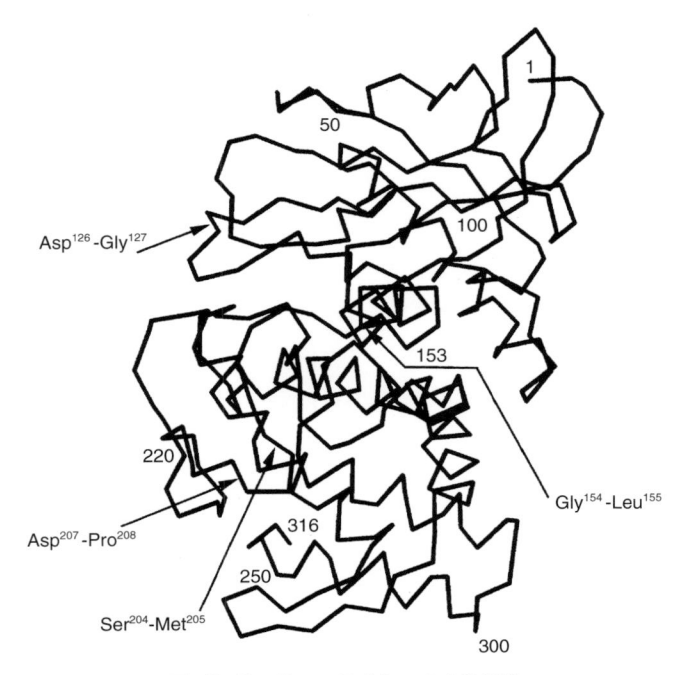

図 10-15 サーモライシンの立体構造
主鎖のみを表している．

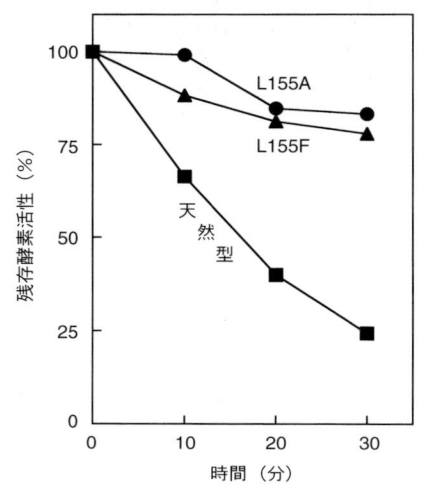

図 10-16 サーモライシン（天然型）とその変異型酵素における熱安定性

この図は 80℃における熱安定性を示している。L 155 F と L 155 A は 155 番目の Leu をそれぞれ Phe および Ala に置換したものである。

　置換が生む，耐熱性の獲得機構や酵素機能の変化の法則性を明らかにしたいと思っている。

　先に述べたように，タンパク質の X 線結晶構造を調べるには，その結晶化に成功しなければならないのは当然ながら，それを解析する X 線回析装置や NMR 装置はきわめて高価である。それに加えて，熟練した解析技術を要求する。それに比べれば，タンパク質の二次構造は比較的簡単に測定できる。実際，タンパク質化学やタンパク質工学分野に身を置く人たちは，せめて二次構造まではと，その解析に挑戦している。

　人工変異を導入したサーモライシンの二次構造が，変異の導入によりタンパク質の立体構造の変化を引き起こしたかどうかを知るには，円偏光二色性（CD）スペクトル法が便利である。

　円偏光とは何か，CD スペクトルとは何かを説明する前に，ラジオ波，マイクロ波，遠赤外線，赤外線，可視光線（400 nm～700 nm），紫外線（180 nm～400 nm），γ線，X 線などは，それぞれ違った波長をもつ光であるというこ

とを認識してほしい。

　物質はそれぞれ固有の光を吸収する性質があるので，その性質を利用すれば特定物質の同定や定量が可能となる。例えば，280 nm の波長をもつ紫外線は，タンパク質中の芳香族アミノ酸に吸収され，260 nm の紫外線は核酸に吸収される。特定波長の紫外線を照射したとき，その物質がそれを吸収する性質をもっていれば，その物質が何かを同定でき，かつ，その量もわかることがある。

　光子の集団である光はすべての方向に振動しながら直進する。非常に目の細かいスリットを用いれば，一定方向に振動している光だけをピックアップすることができる。これを偏光（一方向に偏った光）と呼び，そのスリットは偏光レンズ（光の方向を偏らせるために必要なレンズ）に相当する。偏光を応用した分析機器はいくつか開発されている。その一つが，ここで説明するタンパク質の二次構造を解析するための円偏光二色性スペクトル装置である。以下に，その原理をできるだけ専門的用語を使わずに挑戦してみたい。しかし，正直いって，かなり困難であるのは間違いない。

　読者が光のやってくる方向に仁王立ちしていると仮定する。まぶしい光が向こうからやってくる。光が眼に届く前に偏光レンズを通過させると，その光は進行方向に対して一方向に振動する光が得られることになる。しかし，偏光レンズを通過した光と眼との間に，特定の分子，例えば不斉炭素を有する分子を置くと，直進してきた光はその分子に近づいたときに，左か右に傾きながら吸収される。その結果，左に傾いた光を吸収しやすい分子の場合，透過した光の振動方向は左に回転したように見える。

　このような，左または右に傾いた光の吸収率の差，すなわち $\Delta\varepsilon$ を光の波長に対しプロットした図を CD スペクトルと呼ぶ。また，このような不斉炭素をもつ分子の特性を円偏光二色性（circular dichroism, CD）と呼んでいる。アミノ酸は光学活性をもつので，当然，このような現象が起きる。

　もう少し具体的に説明しよう。240 nm 近傍の光をタンパク質に照射したときの CD スペクトルは，タンパク質の α-ヘリックスや β-シートの数，あるいは，二次構造の違いによって異なったパターンを与える。この際，CD スペクトルを得るために要するタンパク質の濃度はかなり低くても OK である。しかし，この方法はタンパク質分子全体の平均的性質を見ているにすぎず，X

線結晶構造解析やNMR解析のようにタンパク質の立体構造を詳細に解析することはできない。

CD装置を用いてタンパク質のCDスペクトルを測定する際には、波長帯を少しずつ変化させていく。すると、タンパク質に特異的なCD帯が紫外部に現れる。トリプトファンなどの側鎖に芳香環を有するアミノ酸のCDは280 nm付近より現れ、遠紫外部に影響を与える。ふつう、180〜250 nm付近のCDスペクトルを測定すれば、タンパク質の二次構造を予測することができる。

実際、天然型サーモライシンと2種類の変異型サーモライシンとのCDスペクトルを比較してみた。人工変異を与えたサーモライシンとして、155番目のLeuをAlaあるいはPheに置換したものを作製した。

図10-17を見れば明らかなように、三者のCDスペクトルは互いに異なっていた。208 nm付近の吸収はα-ヘリックスがあると現れるものであり、この吸収パターンが天然型と変異型で著しく変化していた。それはサーモライシンに変異を導入したことによって生ずるα-ヘリックス量の変化であると判断された。

結論的には、変異の導入により自己分解点のアミノ酸配列が変化しただけで

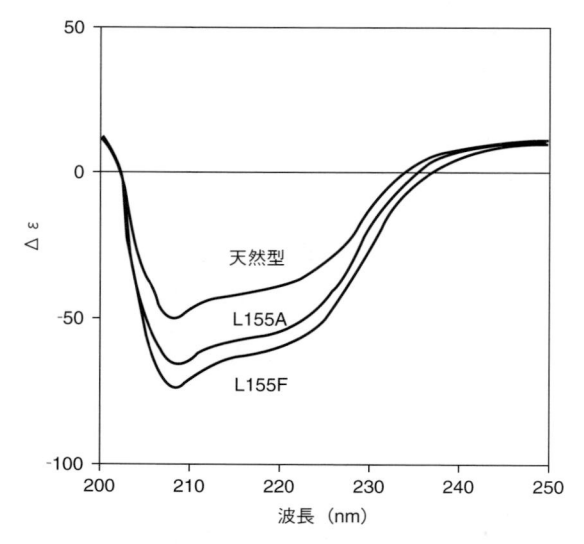

図 10-17　天然型と変異型のサーモライシンのCDスペクトル

なく，その立体構造が部分的に変化したのである。その結果として，変異型サーモライシンは自己分解点が認識されにくくなり，自己分解耐性を獲得したのであろうと考えている。

そのほか，蛍光スペクトルを用いれば，トリプトファン，チロシン，フェニルアラニンのような芳香族アミノ酸の存在を知ることができる。この方法も，CDスペクトルと同様に特殊な波長の光を照射する。その結果，励起した光を測定すれば，タンパク質中の特異的なアミノ酸分子の挙動を見ることができる。

アミノ酸を置換して新しい機能をもったタンパク質を創生するといった，いわゆるタンパク質工学分野では，CDスペクトルや蛍光スペクトル法が構造変化を予測するために広く用いられている。タンパク質におけるアミノ酸1個の占める割合は小さい。にもかかわらず，アミノ酸を一つ換えることでタンパク質の構造と機能が大きく変わる例は少なくない。言い換えれば，タンパク質のたった1個のアミノ酸のもつ役割や意義はきわめて大きいのである。

11. 遺伝情報を翻訳する

　遺伝子の情報が mRNA を介してタンパク質に翻訳（translation）されることを，遺伝子の発現（expression）と呼ぶ。遺伝子の発現には，タンパク質製造のための機能や装置，すなわちリボソーム（ribosome）が必要である。
　タンパク質合成は，mRNA とリボソームとが結合することからスタートする。細菌が保有するリボソームは，原核生物型リボソームと呼ばれ，70S という沈降定数をもつ。70S リボソームは，30S と 50S という二つのサブユニットが結合して構成されている。前者のサブユニットは1分子の 16S rRNA と 21 種類のタンパク質からできている。一方，50S サブユニットはそれより大きく，23S rRNA および 5S rRNA の各1分子と計 34 種類のタンパク質から構成されている。
　酵母やカビ，また動物や植物の細胞のような真核生物の細胞質にあるリボソームは，80S の沈降定数をもち，40S と 60S のサブユニットから成り立っている。40S サブユニットには 16S rRNA が，60S サブユニットには 28S，5.8S，5S の大きさをもつ3種類のリボソーム RNA が含まれる。もちろん，各サブユニットを構成するタンパク種は原核生物のそれに比べて明らかに多い。
　真核生物は原核生物に比べて遺伝情報量が多いことから，リボソームタンパク質の種類が多いことは直感的にもうなずける。ちなみに，サブユニットの大きさを示すS値は，リボソームを含む溶液を超遠心機にかけたとき，それが単位遠心力により沈降する速度を時間の単位（秒）で表したもので，20℃の純水中での値で示し 1×10^{-13} 秒を 1S と表現する。
　細胞から精製したリボソームは，マグネシウムイオンの濃度を 0.3 mM 程度に下げると各サブユニットに解離し，それを 10 mM に上げると再び会合して元のサイズに戻る。細菌では，30S と 50S 解離したサブユニットが会合すると沈降定数が 70S となるのである。
　一方，真核生物では，40S と 60S サブユニットが会合すると，80S リボソー

ムに再構成される。mRNAはその30塩基相当長さの部分が小さなサブユニット（細菌では30Sリボソームサブユニット）に結合する。

図11-1に示すように，リボソームによってタンパク質が合成される過程では，原核生物の場合，まずmRNA，リボソームの30Sサブユニット，およびformyl-methionyl tRNAからなる三者複合体が形成されなければならない。その際，開始因子（initiation factor）とGTPが必要である。次に，50Sサブユニットがこの複合体に結合してタンパク質合成がスタートする。このステップを開始（initiation）反応と呼んでいる。

アミノ酸を運ぶ役目をするトランスファーRNA（tRNA）は，70～80ヌクレオチドからなるRNAである。それにかかわるtRNAは，アミノ酸の種類（20種類）によって対応するtRNAが異なっている。また，個々のアミノ酸に対するtRNAは複数個存在し，少なくとも40種を超えている。

タンパク質の合成が連続していくためには，GTPと伸長因子Tu（elongation factor Tu）の助けを借りて，アミノアシルtRNA（aminoacyl tRNA）がリボソームのAサイト（aminoacyl site）に結合することが必要である。さらに，リボソームのPサイト（peptidyl site）に存在するペプチジルtRNA

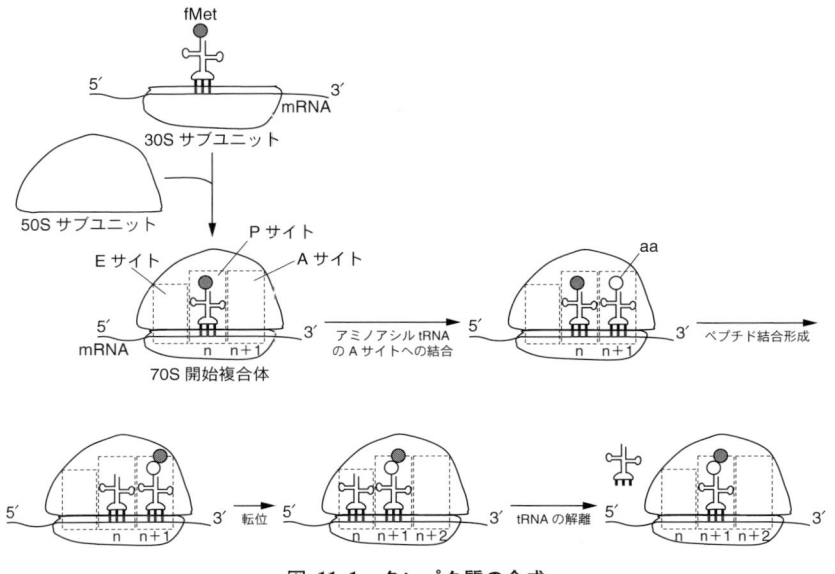

図 11-1　タンパク質の合成

(peptidyl tRNA) が，A サイトのアミノアシル tRNA のアミノ酸部分と結合しなければならない。この反応はペプチド転移反応と呼ばれ，この反応にはペプチジルトランスフェラーゼ（peptidyl transferase）という酵素が関与している。実際には，50S サブユニットに含まれる 23S rRNA がこの反応を触媒している。

この転移反応により，アミノ酸が一つ増えたペプチジル tRNA は，再び A サイトから P サイトに座を移す。また，P サイトに存在する何も結合していない tRNA は，E サイト（exit site）に座を移した後，解離する。この転座反応は，伸長因子 G（elongation factor G）がかかわっており，それをトランスロケーション（translocation）反応と呼んでいる。長鎖ペプチド，すなわちタンパク質が生成するこの一連の過程は，伸長反応と呼ばれている。タンパク質合成の終了時には，遊離因子（release factor）と mRNA の終止信号が働き，ペプチジルトランスフェラーゼの作用で tRNA に結合しているタンパク質が切り離される。このように，細胞内のタンパク質合成は，開始・伸長・終止の三つの反応に分けて考えることができる。

大腸菌のタンパク質合成は，転写中の RNA ポリメラーゼの後を追うかのように，合成されている mRNA に多数のリボソームが結合して行われるのである。1 本の mRNA に多数のリボソームがついた状態をポリソームといい，転写と翻訳が同時進行する状態を，「転写と翻訳の共役」と呼ぶ。大腸菌における mRNA の寿命は，30 秒から数分程度しかないため，転写と翻訳の共役は短時間に効率良くタンパク質をつくるための合理的なメカニズムといえる。

一方，真核生物では，核内で転写された mRNA は 5′ 末端に CAP 構造，3′ 末端にポリ A テールが付加され，核膜を通って細胞質内の小胞体へと移動する。小胞体の表面には多数のリボソームが付着しており，そこで合成されたタンパク質は，いったん小胞体の中に封入される。

遺伝暗号

mRNA は遺伝子のコピーであるので，当然ながら遺伝暗号が書き込まれている。4 種類の塩基は，20 種類のアミノ酸にどのように対応しているのだろう

か。いくつの塩基で一つのアミノ酸に対応するのだろうか。句読点に相当する暗号はあるのだろうか。このような疑問は，有機合成化学者の精力的な研究によって解決をみたのである。

彼らはいくつもの RNA 鎖を化学合成し，*in vitro*（試験管内）でのタンパク質合成系を利用して，短いペプチド鎖を合成させてみたのである。その成果として，「遺伝暗号は 3 個の塩基セット（これをコドンと呼ぶ）で一つのアミノ酸に対応すること」，「アミノ酸の種類によっては，数個のコドンが対応している場合のあること（これをコドンの縮重と呼んでいる）」，「翻訳開始コドンは AUG（メチオニン）であること」，そして「句点に相当する終止コドンが UAA，UGA，UAG と 3 種類あること」，などがわかってきた。

表 11-1 にコドンとアミノ酸の対応を示す。ちなみに，終止コドンはアミノ酸を指定しないことから，ナンセンスコドンとも呼ばれている。

タンパク質が合成されるとき，各コドンは，リボソーム上でアンチコドンを介して，対応するアミノ酸を結合した tRNA とペアを形成する。このとき，コドンの第 1 番目と第 2 番目の塩基は，アンチコドンのそれぞれに対応する塩

表 11-1　大腸菌で利用されるコドンとそれに対応するアミノ酸

2 文字目

	U	C	A	G	
U	UUU UUC] Phe UUA UUG] Leu	UCU UCC UCA UCG] Ser	UAU UAC] Tyr UAA 終止 UAG 終止	UGU UGC] Cys UGA 終止 UGG Trp	U C A G
C	CUU CUC CUA CUG] Leu	CCU CCC CCA CCG] Pro	CAU CAC] His CAA CAG] Gln	CGU CGC CGA CGG] Arg	U C A G
A	AUU AUC] Ile AUA AUG Met	ACU ACC ACA ACG] Thr	AAU AAC] Asn AAA AAG] Lys	AGU AGC] Ser AGA AGG] Arg	U C A G
G	GUU GUC GUA GUG] Val	GCU GCC GCA GCG] Ala	GAU GAC] Asp GAA GAG] Glu	GGU GGC GGA GGG] Gly	U C A G

1 文字目　　　　　　　　　　　　　　　　　　　　　　　　　3 文字目

基としっかりと水素結合を形成する。しかし，第3番目の塩基は，アンチコドンに対応する塩基と少し離れているため結合力が弱い。さらに，アンチコドン上の塩基として，数種の塩基と水素結合を形成できるU（ウラシル）やI（イノシン）が配置されている。そのためにコドンの第3番目の塩基はアンチコドン上の塩基と厳密な組合せになる必要はない。すなわち，それが1個のアミノ酸に数個のコドンが存在するゆえんである。

　第3番目の塩基があまり重要でない性質を「ゆらぎ」といい，ゆらぎにかかわる塩基を「よろめき塩基」と呼ぶ。

　大腸菌の遺伝子をよく調べてみると，開始コドン（AUG）の数塩基上流に，多くの大腸菌遺伝子に共通な配列 AGGAG がある。これを指摘した科学者の名前（J. Shine & L. Dalgarno）をとって，シャイン・ダルガルノ（SD）配列と呼んでいる。この配列は，30S リボソームに含まれる 16S rRNA の 3′ 末端と相補的であり，SD 配列に 30S リボソーム，フォルミルメチオニル tRNA，2個の開始因子（IF 1，IF 3）と IF 2/GTP 複合体が結合するのである。

異種タンパク質の効率的な生産法

　幸いにも，目的とした遺伝子のクローニングに成功し，しかも，その遺伝子断片にプロモーター領域が含まれていたとしても，そのプロモーターが宿主細胞内で効率良く機能することは稀である。言い換えれば，せっかくの目的の遺伝子をクローニングできても，そのままでは遺伝子発現に至らない可能性もある。すなわち，その遺伝子を効率良く発現させるためには，クリアーしなければならない次のようなチェックポイントがある。

① プロモーターから効率良く mRNA が合成されるか
② できた mRNA は安定して翻訳プロセスに進むか
③ 生成タンパク質は細胞内で安定か
④ 本来のタンパク質と同じアミノ酸配列を有し，タンパク（酵素）機能を発揮できるための適切な修飾を受けているか
⑤ 目的タンパク質は正常な高次構造をとっているか
⑥ 目的タンパク質を容易に，かつ，効率良く回収することができるか，

など，さまざまな課題がある。これらを解決して初めて機能をもったタンパク質が大量に取得できたといえるのである。

❶ 転写の効率化を図る

異種遺伝子のプロモーターが宿主大腸菌で働かない場合，目的遺伝子を効率良く転写させるためには，それを大腸菌で機能する強力プロモーターの支配下に置けばよい。遺伝子の発現が「弱い」ということは，弱いプロモーターによって制御されている可能性がある。あるいは，外来遺伝子の発現が宿主の増殖に悪影響を及ぼしているかもしれない。そのようなとき，宿主が生育したのちに発現できたら都合がよい。それに答えるには，遺伝子の発現時期を自由にコントロールできるプロモーター，すなわち，誘導型プロモーター（inducible promoter）を使えばよいことになる。

実際，目的遺伝子産物を大量に，かつinducibleに取得する目的で開発されたベクターがつくられている。これを発現ベクター（expression vector）と呼ぶ。

例えば，pKK 223-3（図11-2）という名の発現ベクターは，*tac*という強力なプロモーターが装備されており，このプロモーターの下流のマルチクローニングサイトに外来遺伝子を挿入することにより，大腸菌細胞内で目的遺伝子産物を高発現させることが可能である。

しかも，*tac*プロモーターのすぐ後ろにはオペレーター（operator）領域があって，通常は*lacI*遺伝子によってつくられるラクトースリプレッサー（制御タンパク質）が，その領域に結合することによりRNAポリメラーゼによる転写を妨げている。大腸菌がある程度育った時期に，IPTG（isopropyl-β-D-thiogalactopyranoside）を添加すると，これまでオペレーターに結合していたリプレッサーは，そこから離れてIPTGと結合するためオペレーターがフリーとなり，目的遺伝子の転写がスタートするのである（IPTGを入れると，プロモーターのスイッチがオンになると考えてもよい）。

実は，*tac*プロモーター（図11-3）は人工的につくられたものであり，トリプトファン合成酵素遺伝子のプロモーター（*trp* promoter）の-35配列と，β-ガラクトシダーゼ遺伝子のプロモーター（*lac* promoter）の-10配列とを人

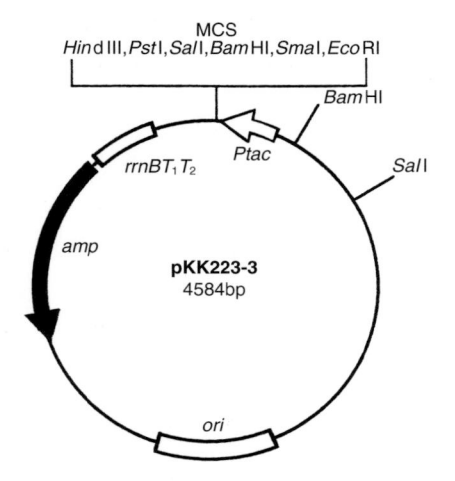

図 11-2 発現ベクター pKK223-3 の構造
Ptac, tac プロモーター；rrnBT₁T₂, ターミネーター；amp, アンピシリン耐性遺伝子；ori, 複製開始領域；MCS, マルチクローニングサイト

プロモーター		−35 領域	−10 領域
lac UV5	5′−	TAGGCACCCCAGGCTTTACACTTTATGCTTCCGGCTCGTATAATGTG	TGG**A**ATTGTGAGC−3′
trp	5′−	TCTGAAATGAGCTGTTGACAATTAA TCATCGAACTAGTTAACTAGTACGCAAGTTCACGT −3′	
tac	5′−	TCTGAAATGAGCTGTTGACAATTAA TCATCGGCTCGTATAATGTG	TGG**A**ATTGTGAGC−3′
recA	5′−	TTTCTACAAAACACTTGATACTGTA TGAGCATACAGTATAATTGC	TTC**A**ACAGAACAT−3′

包囲した箇所：共通の塩基配列； 太文字：転写開始点を示す

図 11-3 大腸菌遺伝子のプロモーター領域の比較

工融合させた，いわゆるハイブリッドプロモーターなのである．tac プロモーターは，少なくとも，trp プロモーターの 3 倍，lac プロモーターの 10 倍もの強さをもっているといわれている．このように，tac プロモーターは強力で，しかも，誘導発現可能なプロモーターとして広く利用されている．

　tac プロモーターを始めとする誘導型プロモーターの発現を引き起こすには，誘導剤の添加が必要となる．lac プロモーターの誘導物質は，tac と同じく IPTG であるが，trp プロモーター制御下遺伝子は 3-β-インドールアクリル酸（3-β-indoleacrylic acid, IAA）の添加によってその発現が誘導される．

　大腸菌を宿主とした場合には，できたタンパク質に糖鎖が付加されることはない．しかしながら，真核生物由来のタンパク質は，糖鎖修飾を受けて初めて

活性型となるものが多い。そのようなことから，糖を付加したタンパク質を発現させたい場合には，酵母や糸状菌のような高等微生物や動物細胞を宿主とする必要がある。

❷ タンパク質を安定につくる

異種タンパク質は，それがせっかくつくられても，宿主大腸菌が保有しているプロテアーゼで分解されてしまうことがある。その対策のため，プロテアーゼを産生しない変異株がいくつか作製されている。ATP依存性のセリンプロテアーゼであるLonプロテアーゼを産生できない変異株がその一つであり，*lon*⁻ミュータント（mutant）と呼ばれる。

一方，目的タンパク質を過剰に発現させることによって，大腸菌の細胞内プロテアーゼ作用をかなり防げることもある。しかしながら，その過剰発現はやっかいな問題をも生むことになる。すなわち，タンパク質をつくらせ過ぎると，それらがからみ合って，しばしば凝集体（inclusion body）という不溶性のタンパク質凝集体を生じさせてしまうことである。残念ながら，凝集してしまったタンパク質はほとんど生物活性を示さない。

そこで，凝集体を何とか解きほぐし，活性あるタンパク質に戻そうといった試みもなされている。しかし，頑固にからみついてしまったタンパク質の解きほぐしは，なかなか思うようにいかないのが実情である。その結果，考えだされたのは，細胞内に蓄積させることなく，速やかに細胞外に分泌（あるいは排出と表現）させる方法である。さらに，異種遺伝子由来のタンパク質を，宿主大腸菌由来のタンパク質とのハイブリッドタンパク質としてつくらせると，宿主プロテアーゼの分解を受けることなく生産されるという例が報告された。それ以来，この融合タンパク質発現法はかなりの研究室で実施されている。

❸ 効率的な遺伝子発現

著者のひとり（杉山）は，ブレオマイシンを産生する放線菌の細胞内にブレオマイシンと特異的に結合するタンパク質（ブレオマイシン結合タンパク質：これをBLMAと命名）を発見し，その遺伝子をクローニングした。

*blmA*と命名されたこの遺伝子は，*tac*プロモーターの支配下に置いた

malE（マルトース結合タンパク質；maltose-binding protein：MBP）遺伝子をリーダーペプチドとして，そのすぐ下流に連結させた（**図 11-4**）。しかも，*malE* と *blmA* の間には血液凝固第 10 因子［factor Xa（ファクター・テン・エーと読む）］によって切断される Ile-Glu-Gly-Arg-X（X はどのようなアミノ酸でもよい）ペプチドをコードする塩基配列がとくに設けられている。実験によっては，この融合タンパク質の生産量は，大腸菌の全タンパク質の 40% にものぼることもある。

　この融合タンパク質を含む大腸菌の無細胞抽出液（cell-free extract）をアミロース（amylose）カラムにかけると，融合タンパク質はそのカラムにトラ

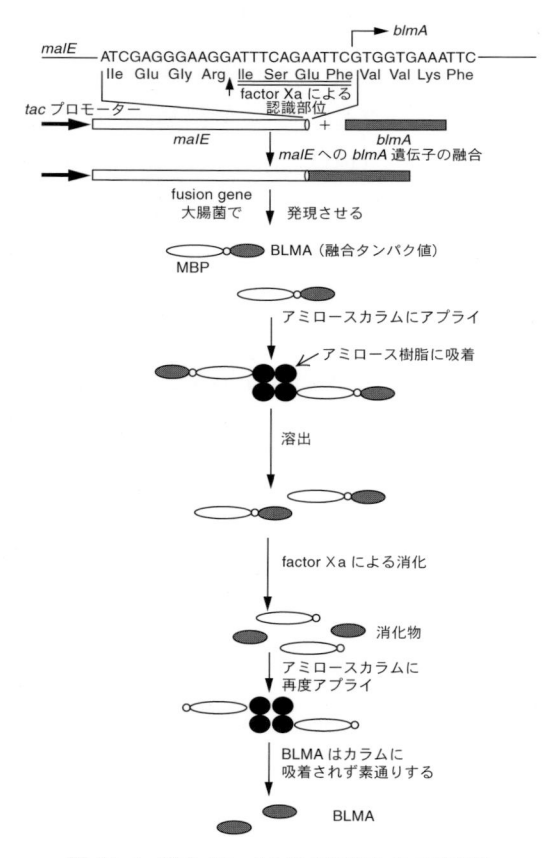

図 11-4　融合タンパク質の発現とその精製法

ップされる。ちなみに、アミロースは多糖類であり、かつ、この構成単位がマルトースなのである。マルトース結合タンパク質を先頭にもつこの融合タンパク質は、当然、アミロースカラムに吸着できる。無細胞抽出液をこのアフィニティーカラムに供したのちカラムを洗浄すると、原理的には融合タンパク質のみがアミロースに結合でき、その他のタンパク質は洗い流されてしまう。融合タンパク質をカラムから溶出させるには、マルトースを流せばよい。

溶出されたタンパク質に factor Xa を加えると、Ile-Glu-Gly-Arg-X 配列の Arg と X との間で加水分解される。この溶液をフレッシュなアミロースカラムに再び供すると、今度は MBP のみがトラップされ、素通り画分として BLMA が回収できる。

ところで、タンパク質の特定アミノ酸配列を認識したうえでの切断は化学試薬でも可能である。その例を示そう。

ヒトインスリンは、遺伝子工学を利用して最初に認可された医薬品である。インスリンは糖代謝を制御しているホルモンであり、膵臓の少数の細胞によってつくられて血液中に分泌される。インスリンを生産できなくなると糖尿病になるが、インスリンを毎日投与すれば症状を少しでも和らげることが可能となる。このタンパク質はプレプロ・インスリン（pre-pro insulin）としてリボソーム上でつくられる。

その後、リーダーペプチド部分がカットされたあと、分子内に S-S 結合が生じ、プロ・インスリンに変換される。プロ・インスリンは、さらに中間領域（C 鎖）が切断され、最終的に A 鎖と B 鎖が S-S 結合で結ばれた成熟型インスリンとなる。

真核細胞の遺伝子をクローニングするにあたっては、まず細胞から分離した mRNA から cDNA をつくり、それをベクターと連結する方法が一般的である。したがって、インスリンの生産を目指すには、まず、プレプロ・インスリンの cDNA を取得する必要がある。

インスリン A 鎖および B 鎖は、それぞれ 21 個および 30 個のアミノ酸からなり、アミノ酸配列は早くから決定されていた。そこで、アミノ酸配列に基づいて、63 bp からなる A と 90 bp の B 鎖の両遺伝子を化学合成し、別々の鎖としてインスリンの遺伝子工学的生産が試みられた（**図 11-5**）。実際には、A

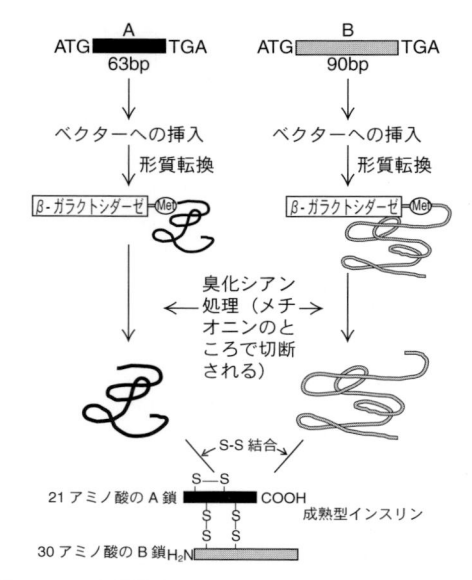

図 11-5 大腸菌を用いた人工合成インスリンの生産
インスリンのAおよびB鎖に相当するオリゴヌクレオチドを合成し，これをpBR 322のβ-ガラクトシダーゼ遺伝子の下流につなぎ，大腸菌に導入した。

あるいはB鎖のアミノ酸配列に対応する塩基配列の5′末端にはメチオニンコドン（AUG），3′末端にはストップコドンを付加した2本鎖ポリヌクレオチドを合成し，大腸菌ベクターの *lacZ* 遺伝子の下流に挿入した。

　幸いにも，インスリンの両鎖にメチオニンが含まれていないため，生産されたA鎖およびB鎖からなる融合タンパク質は，臭化シアンによる化学処理が施された。この試薬は *lacZ* タンパク質とインスリンのA鎖（B鎖）をつなぐメチオニン残基の部分で切断するのに役立った。最終的には，AおよびB鎖のペプチドを混合してジスルフィド結合を形成させ，成熟型インスリンを取得したのだった。

　大腸菌における最強の組換えタンパク発現システムは，「pET」といわれており，杉山はそのシステムを採用した。

　pETベクターにはT7プロモーターが組み込んであり，T7 RNAポリメラーゼの供給なしにはT7プロモーターの下流に連結した目的遺伝子の発現は起

きない（図11-6）。もしも，目的遺伝子が大腸菌に毒性を示すなら，遺伝子発現を行わせる前にpETベクターへの目的遺伝子の挿入すらできないことになる。

そこで，T7 RNAポリメラーゼを産生しない大腸菌，例えば，HB101株やJM109株などを利用してpETに目的遺伝子の連結だけを実施した。次に，得られたベクターをT7 RNAポリメラーゼの発現系をもつ宿主大腸菌，すなわち，BL21(DE3)株に導入して，タンパク質を過剰発現させた。T7 RNAポリメラーゼ遺伝子は$lacUV5$プロモーターの下流にセットしてあるため，IPTGを添加しないかぎり目的遺伝子は発現しないという特徴を付加してある。

このベクターは，実際，大腸菌に毒性を示すタンパク質の発現に有効である。販売カタログ中に，「目的タンパク質の生産量は全菌体タンパク質の50％以上」と書かれているのを見て，著者はかなり驚いてしまった。さらに，宿主［BL21(DE3)LysS株］はlon^-株であり，また細胞外膜プロテアーゼも欠損させてあり，発現したタンパク質の安定性にも配慮している。

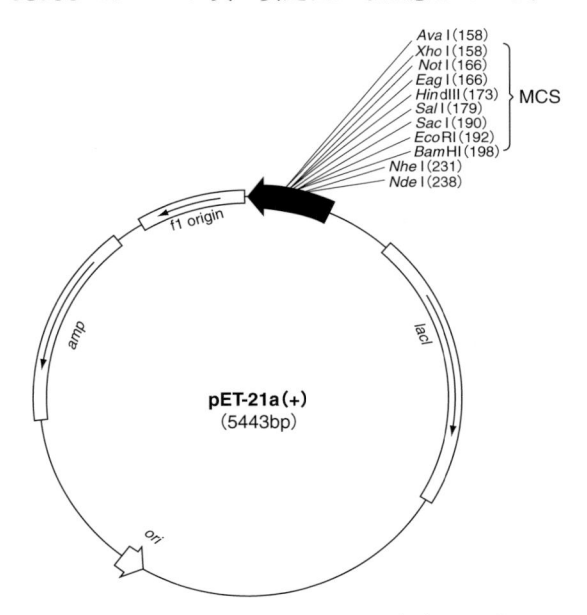

図 11-6　発現ベクター pET-21a(＋) の構造
Novgen社カタログから抜粋

pETベクターは，目的に応じて何種類かそろっている。その一つ，pET-21a(+)は，目的遺伝子挿入サイトの後部にヒスチジンを6個並べた塩基配列を有している。これはヒスチジン・タグ（histidine tag）と呼ばれ，ポリヒスチジン残基をシッポにもつこのタンパク質には金属イオンと結合する能力がある。このため，発現させたタンパク質を含む試料溶液をいったんニッケル・キレートカラムにかけて吸着させ，そのカラムを洗った後，吸着タンパク質を0.5 M程度のイミダゾールが入った溶液で溶出させる。このようなアフィニティクロマトグラフィーを用いることによって，目的タンパク質の精製がかなり楽になった。

❹ タンパク質の細胞外への分泌生産

細菌のみに限ってみても，タンパク質は細胞質にのみ分布するのではない。細胞膜や膜の外側に存在してそこで働くタンパク質もある。細菌は細胞質を取り囲むように細胞膜（cytoplasmic membrane）がある。それを細胞壁（cell wall）が包み，その形状を保つのに役立っている。

グラム陽性細菌はこの2層で終わるが，大腸菌などのグラム陰性細菌では細胞壁のさらに外側に外膜（outer membrane）をもっている。内膜と外膜の間の空間をペリプラズム（periplasm）と呼び，ここにはヌクレアーゼやプロテアーゼなどの加水分解酵素が存在している。

ペニシリンに耐性を示す大腸菌は，ペニシリン加水分解酵素（β-ラクタマーゼ）を産生する。この酵素も細胞内でつくられた後，ペリプラズムに移動するのである。すなわち，内膜からペリプラズムに分泌されることによってその機能を果たすことになる。

外へ輸送されるタンパク質のほとんどは，N-末端に15～30個の余分なアミノ酸をもった，少しばかりサイズの大きな前駆体タンパク質として合成される。このN-末端領域をシグナル配列あるいはリーダー配列と呼び，その中心部には疎水性のアミノ酸が連続する領域がある。

さらに，その配列のN-末端とC-末端には，それぞれ正電荷をもつアミノ酸と親水性アミノ酸がよく見つかる。シグナル配列とそれに続くアミノ酸残基，すなわち，分泌タンパク質前駆体は，膜透過に適した構造を維持する必要

がある。そのため，分泌前駆体タンパク質を膜透過用に折りたたむタンパク質，分子シャペロンの力を借りることになる。その分子シャペロンは SecB と呼ばれ，分泌タンパク質前駆体と複合体を形成したあと，膜上にあるタンパク質 SecA に受け渡す。その結果，ATP やプロトンの力を借りて，分泌前駆体タンパク質の膜透過が進み，次にシグナル配列がシグナルペプチダーゼ（signalpeptidase）により切断される。その後，立体構造が整えられ，成熟型タンパク質としてペリプラズムに放出され機能を発揮することになる。

一方，宿主大腸菌に対して毒性を示すタンパク質は，つくるやいなや外に分泌させればよい。実際，シグナル配列を目的遺伝子の N-末端に付加して，細胞外へ分泌させようとする発現法が開発されている。これは分泌発現法と呼ばれている。参考までに，β-ラクタマーゼを始めとする分泌タンパク質のシグナル配列をここに示す（**表 11-2**）。

ペリプラズムまで移動したタンパク質を回収するには，宿主大腸菌を浸透圧処理（osmotic shock）すればよい。浸透圧処理とは，高濃度のショ糖などで細胞の外側から圧力をかけておき，それを浸透圧の低いところへ急にもっていく操作である。すると，今まで圧力で押しつぶされていた膜が，低浸透圧の影響でリバウンドする結果，ペリプラズムの内容物が放出されるという作戦である。

表 11-2 分泌タンパク質のシグナルペプチドのアミノ酸配列

酵素名	シグナルペプチドのアミノ酸配列
β-lactamase	Met SerIleGlnHisPheArgValAlaLeuIleProPheAlaAlaPheCysLeuProValPheAla↓His
cholesterol esterase	MetSerSerGlnValArgGlyGlyThrArgTrpLysArgPheAlaLeuValMetValProSerIleAlaAlaThrAlaAlaValGlyValGlyLeuAlaGlnGlyAlaLeuAla↓Ala
OmpA	MetLysLysThrAlaIleAlaIleAlaValAlaLeuAlaGlyPheAlaThrValAlaGlnAla↓AlaProLys
alkaline phosphatase (periplasmic)	MetLysGlnThrIleAlaLeuAlaLeuLeuProLeuLeuPheThrProValThrLysAla↓ArgThrPro
maltose-binding protein	MetLysIleLysThrGlyAlaIleLeuAlaLeuAlaLeuThrThrMetMetPheSerAlaSerAlaSerAlaLeuAla↓LysIleGlu

↓はシグナルペプチダーゼの切断部分を示す

12. タンパク質の三次元構造を知る

　今や21世紀，もはや遺伝子の本体がDNAであることに疑問を抱く人はいない。DNAの立体構造，すなわち，ワトソンとクリックが提案した右巻き二重ラセン構造は，遺伝子の半保存的複製をみごとに反映している。DNAの構造が発見されて半世紀以上過ぎた今，DNAの塩基配列は自動DNAシークエンサーで解読され，さらに，高速シークエンス技術の発展に伴い，その解読にかける時間はきわめて短縮している。「遺伝情報を知る」とは，アミノ酸の並び方，すなわち，タンパク質の一次構造を知ることである。今のところ，その一次構造から立体構造を導くための法則性は見つけられていないが，タンパク質はその役割や機能に応じて，決まった立体構造をとるものと考えられている。タンパク質の働きがどのような立体構造に基づいているかがわかれば，生命現象をもう少し合理的に理解できるかもしれない。

　わが国では西暦2000年を迎えるまで，解析技術の難しさから，立体構造の明らかになったタンパク質はそれほど多くなかった。ところが21世紀の初頭に，これまでより簡単な構造解析装置や構造解析プログラムが開発されたことから，以前と比べ，タンパク質の立体構造を解析するための敷居は低くなっている。事実，わが国ではゲノム創薬を目指し2002年から2006年にかけて，生命をつかさどる重要なタンパク質のうち約3分の1にあたる3,000種以上のタンパク質の立体構造を解明するという大型プロジェクト，いわゆる「タンパク3000プロジェクト」が行われた。

　タンパク質の立体構造を知るためには，X線結晶構造解析法や核磁気共鳴（NMR）解析法が用いられている。これらの手法を用いた構造解析は，以前と比べ気軽に行えるようになってきたが，やはりある程度の知識とノウハウ技術が必要である。ここでは，立体構造の解析に用いられる「X線結晶構造解析法」を，できる限りやさしく解説する。

タンパク質のX線結晶構造解析

❶ X線とは何か？

　ドイツの物理学者レントゲン（W. C. Röntgen）は，X線を発見した功績により，第1回ノーベル物理学賞（1902年）を受賞した。彼は，ガラスに陰極線を当てるとガラスの外側に置いたフィルムが感光することや，そのフィルムの前に手をかざすと骨が写ることを見つけた。これを陰極線の当たったガラスの内部から未知のものが放出されていると解釈し，それをX線と名づけた。後に，この現象は以下のように解釈された。すなわち，陰極線を高速でガラスを構成する原子に当てると，原子核の近くにある電子がはね飛ばされる。すると，その電子が存在したエネルギー準位の低い軌道に空席ができる。それと同時に，その空いた場所へ同じ原子核の外側に位置するエネルギー準位の高い電子が移動してくる。その際，これらのエネルギー準位にかなりの差があるため，振動数が大きくて貫通力の強いX線が放出される。ちなみに，X線は紫外線よりきわめて波長が短い電磁波であり光である。

❷ X線回折と立体構造解析

　静寂な湖にピンポン球が浮かんでいるとする。その球の近くに小石を投げると，落下点を中心とした波の輪が幾重にも広がっていく。そんな経験をしたことはないだろうか。その波がピンポン球に達すると，球が上下し振動し，新たに球から波の輪が広がっていく。同じような現象はX線を結晶に当てても起こる。すなわち，X線を結晶に当てると，結晶中の分子を構成する原子の原子核の周りにある電子が振動するとともに，その電子からX線が生ずるのである。これがX線回折である。

　X線回折を初めて見つけたのは，ドイツ人物理学者のラウエ（M. von Laue）である。彼は，1912年，硫酸銅の結晶にX線を当てると回折現象を起こすことを発見し，X線の波動性と結晶の格子構造とを実証した。同じ年，ブラッグ（W. L. Bragg）親子（父とその息子）は，結晶を構成する分子の構造と回折現象との関係を突き止めることに成功するとともに，回折されたX線のデータを利用すれば，結晶を構成する分子の立体構造（三次元構造）ができるこ

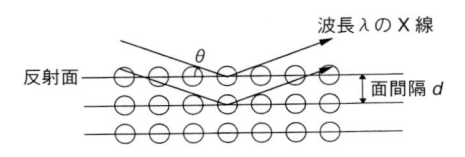

図 12-1 ブラッグの法則を示す図

とを明らかにした。

　X線回折実験では，X線源から発生した平行なX線を結晶に照射し回折波を生じさせ，それにより得られる回折斑点をフィルムなどに記録する。ブラッグは，X線照射実験から得られる回折パターンと回折を引き起こす結晶との関係を研究し，回折が起こるのはX線の波長（またはその波長の整数倍）とこの光路差が一致するときのみであることを示した。この光路差は，入射光と反射面のなす角度，すなわち反射角で決まる（**図 12-1**）。数式を使って説明すれば，入射角 θ，面の間隔 d，波長 λ の関係は

$$2d \sin \theta = n\lambda$$

によって示され，これをブラッグの法則と呼んでいる。結晶中の原子はX線をあらゆる方向に散乱させるので，ブラッグの法則からいえば，正の干渉をしたものだけから回折波が生じ，これが回折斑点となって記録されることになる。X線は原子中の電子によってのみ散乱され原子核によらないので，この関係は回折データと結晶構造中の電子密度分布との関係となる。

　フィルムに斑点となって記録される回折波は，①斑点の強度から算出される振幅，②X線源によって決まる波長（常に一定），③X線実験からでは不明の位相（phase）という三つの性質によって定義され，回折波を生じた原子の位置を決めるためには，これらすべての性質を知る必要がある。逆にいうと，原子の位置を決めることができれば，それら原子を含む分子の立体構造を明らかにすることができるということである。

　このように，結晶にX線を照射することによって，結晶から出てくるX線を測定すれば，その結晶をつくっている分子，例えばタンパク質の立体構造を明らかにすることができる。タンパク質の結晶化に初めて成功したのは，米国の生化学者サムナー（J. B. Sumner）である。彼は，ナタマメに含まれるウレアーゼ（尿素分解酵素）の結晶化に成功し，1926年，ノーベル化学賞を受賞

した。1958年には，ペルツ（M. Pertz）とケンドリュー（J. Kendrew）によって，ヘモグロビンタンパク質の立体構造がX線を用いて初めて明らかにされた。DNAの立体構造が明らかにされたのは，1950年代初期にイギリスのキングスカレッジで研究していたウィルキンス（M. H. F. Wilkins）と女性物理学者フランクリン（R. Franklin）が撮影したDNAのX線回折像のおかげである。ワトソンとクリックは，彼らの撮影したX線回折像と矛盾せず，立体化学的にも最も可能性の高い構造を探すという方法で，二重ラセン構造にたどり着いた。これは，分子生物学領域における20世紀の最大の発見であるといわれている。

❸ タンパク質のX線結晶構造解析法
● タンパク質の結晶化

タンパク質のX線結晶構造解析を行うには，第一に適当な結晶を成長させる必要がある。しかし，タンパク質の結晶化はいかにしたらうまくいくかは，あまりわかっていない。ただし，基本的なルールとして，タンパク質が純粋であればあるほど結晶が成長する可能性が高く，しかも，タンパク質溶液からゆっくりと時間をかけて析出させるのがよい。タンパク質の結晶化は試行錯誤の域をでないのである。しかし，微小重力環境下では，重力環境下に比べ良質の単結晶を与えることが多いことが知られており，重力がタンパク質の結晶化に影響を与えることがわかっている。

タンパク質の結晶化の方法としては，バッチ法，液体―液体拡散法，蒸気拡散法，透析法などが知られている。例えばバッチ法は，タンパク質溶液に沈殿剤を直接加えて，タンパク質を過飽和の状態にもっていく方法であり，液体―液体拡散法は，タンパク質溶液と沈殿剤とをキャピラリー中で重ね，沈殿剤の拡散により徐々にタンパク質を過飽和にもっていく方法である。ともかく重要なのは，タンパク質を過飽和の状態にもっていくことである。タンパク質の結晶化法にはいろいろあるが，現在，最もよく用いられているのは，蒸気拡散法と思われる。蒸気拡散法には，ハンギングドロップ法とシッティングドロップ法の二つの方法があり，結晶化の原理は両者で同じである。ハンギングドロップ法では，あらかじめシリコンコートした顕微鏡用のカバーガラスの中央部

に，3〜5 μL のタンパク質溶液と同容量の沈殿剤溶液を混合した液滴をつくる．その後，このカバーガラスを裏返して，沈殿剤溶液を入れたプレートのウェルの上にセットする（**図 12-2**）．その際，カバーガラスの周囲にグリースを塗って容器と密着させておく．このまま，一定の温度の下で静置しておくと，

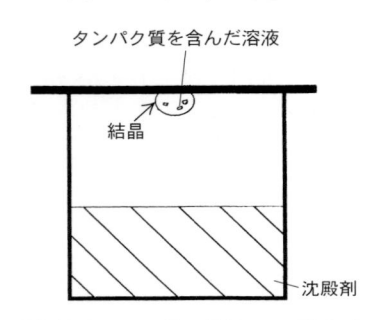

図 12-2 ハンギングドロップ法によるタンパク質の結晶化

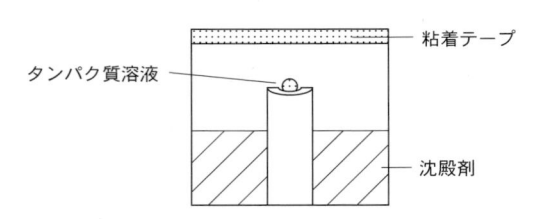

図 12-3 シッティングドロップ法によるタンパク質の結晶化

結晶学的パラメータ
結晶：orthorhombic
空間群：$P2_12_12$
a＝54.90 Å
b＝67.94 Å
c＝35.60 Å
$\alpha = \beta = \gamma = 90°$

バー：0.5mm

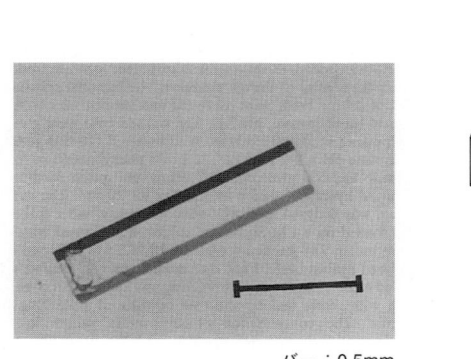

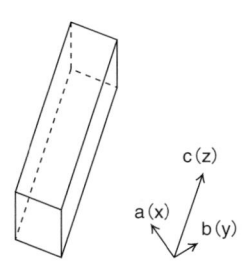

図 12-4 ブレオマイシン結合タンパク質 BLMA の結晶

液滴から沈殿剤への蒸気の拡散，あるいはその逆の過程で平衡に達し，運がよければ，数日から数週間後に液滴中に結晶を見いだすことができる。タンパク質溶液の表面張力が低い場合，ハンギングドロップ法では液滴が広がってしまう。このような時には，シッティングドロップ法が有効である（**図12-3**）。シッティングドロップ法では，専用の粘着テープを用いて，液滴と沈殿剤溶液を入れたウェルを密封状態にする。いちいちグリースを塗ったりする必要がないことから，シッティングドロップ法のほうがより簡便な方法といえよう。**図12-4**にタンパク質結晶の一例を示す。

● **X線回折実験**

タンパク質の単結晶が得られたら，次の段階はX線回折実験を行うことである。X線回折実験を行うには，X線源と検出器が必要である。実験室で用いるX線発生装置は，陰極で発生させた電子を加速させ，高速度の電子を陽極（対陰極）である金属板にぶつけることでX線を発生させる。このとき，幅広い波長をもったX線と特定波長のX線が放出されるので，この中から特定波長のX線のみを取り出し（これを単色X線という）X線回折実験に用いる。なお，単色X線を取り出すには，モノクロメーターと呼ばれるものが用いられる。通常，金属板としては銅が用いられるので，波長 1.5418 Å の特性X線（CuKα線）が発生しこれを回折実験に利用する。さらに短い波長のX線を用いたい場合は，金属板をモリブデンにすればよい。このとき，特性X線として波長 0.7107 Å のX線が発生する。一方，つくばや兵庫県の播磨にはシンクロトロン放射光施設がある。これを利用すれば，電子をほぼ光速まで加速できるため，γ線から可視光までの幅広い波長帯で非常に強力な放射光が発生する。シンクロトロン蓄積リング（synchrotron storage ring）から発生したX線のうち，狭い波長幅のものを用いれば単色放射光が得られるが，その強さは実験室レベルのX線と比べて数十倍高い。強いX線を用いれば，その照射時間は短くできる。そのメリットとして，小さな結晶しかできない場合や，通常のX線源では弱い回折像しか得られない場合でも，その構造解析が可能となるし，複雑な構造の結晶からデータを収集するときにも威力を発揮する。

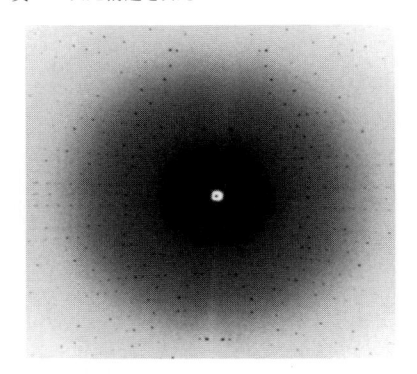

図 12-5　ブレオマイシン結合タンパク質 BLMA の X 線回折斑点

　タンパク質結晶の X 線回折実験では，上記のように発生させた X 線をタンパク質に当て回折斑点を記録する．**図 12-5** に回折斑点の一例を示す．回折斑点をできるだけ多く得るためには，X 線をあらゆる角度から照射しなければならない．そのために入射 X 線に対して結晶を回転させる必要がある．回折斑点を記録するための検出器としては，以前は写真フィルムが用いられていたが，感度が悪いため現在ではほとんど用いられていない．写真フィルムに取って代わったのがイメージングプレートである．イメージングプレートは，写真フィルムより感度が 10 倍以上高く，さらにダイナミックレンジも広い．また，紫外線を当てることによりデータを消去することができるので，繰り返し使用できる．ただし，時間は短いものの，写真フィルムと同じように特別な装置を用いて読み取りを行う必要がある．現在，X 線回折の検出には，CCD カメラが広く用いられている．CCD カメラを用いると，簡単に直接回折斑点を検出することができる．

● **位相問題の解決**

　X 線回折データが得られると，次はいよいよ構造解析となる．先述したように，X 線回折データから得られる情報は，結晶構造中に存在する原子の電子密度の情報である．そして，電子密度を計算するためには，位相問題を解決しなければならない．位相は，通常の X 線回折データからは得ることができないが，幸いにも間接的なやり方により解決できる．電子密度の計算の際に

は，フーリエ変換という数学的処理が必要であるが，その説明は専門書に譲り，ここでは位相問題を解決する方法のみを簡単に説明する。

　位相問題を解決する方法の一つとして，結晶中のタンパク質分子に重原子を付加し，重原子の位置情報から位相角を求める重原子同型置換法がある。この方法では，重原子を含む溶液にタンパク質結晶を浸し，結晶中のタンパク質分子に重原子を付加する。通常，重原子を導入したタンパク質結晶をいくつか作製し，そのX線回折データから重原子位置を明らかにする「重原子多重同型置換法」が用いられる。これまで位相問題の解決法としては，重原子同型置換法が主であったが，可変波長を用いることができるシンクロトロン放射光の出現と遺伝子工学の発展により，現在では多波長異常分散法（multiple-wavelength anomalous dispersion：MAD法）による位相決定が主流となった感がある。MAD法では，メチオニンの代わりに，X線の異常分散を引き起こすセレンを含むセレノメチオニンを取り込ませたタンパク質を用いて結晶を作製する。セレノメチオニン含有タンパク質を得るには，それを含む培地でタンパク質を発現する生体（大腸菌の場合が多い）を培養すればよい。そして，作製した結晶を用いて，いくつかの波長を用いたX線照射実験を行い，その異常分散から位相角を求めるのである。なお，異常分散とそれを用いた位相角の求め方については，他の専門書を参照されたい。最後に，決めたいタンパク質構造と類似の既知構造がある場合には，分子置換法により位相角を決めることができる。位相問題は間接的なやり方によって解決することができると書いたが，分子置換法が適用できる場合は通常のX線回折実験のみで十分である。

● **電子密度図とモデル構築およびその精密化**

　位相問題が解決され，電子密度図が計算できたならば，次は初期モデルを構築する作業を行う。初期モデルの構築とは，電子密度図中でポリペプチド鎖がどのように折りたたまれるのかを決めることであり，ポリペプチド鎖の主鎖を電子密度図中に納めることができたら，次は側鎖についても同じ操作を行う。ただし，初期モデルには誤差がつきまとうので，実験で得られた回折波の振幅とモデルを用いて計算した振幅の差をできるだけ小さくするようにモデルを改変する。この操作を精密化と呼ぶ。精密化の方法としては，最小二乗法を用い

た方法や分子動力学計算を用いたシミュレーティッドアニーリング法などがあるが，詳細は他の専門書を参照されたい。観測値と計算値の誤差を表す数値をR因子（R factor）と呼び，精密化により，最終的には，この値が0.15から0.20の範囲になればよい。**図12-6**に精密化によって得られたタンパク質の電子密度図を示す。最終モデルが得られたならば，構造の誤りのチェックを行う。例えば，主鎖の折りたたみの立体化学は，ラマチャンドランによって考案されたRamachandranプロットにより調べることができる。

第10章の図10-13に示したように，ペプチド単位は$C\alpha$-C'結合とN-$C\alpha$結合の周りでのみ回転でき，N-$C\alpha$結合の周りの回転角をϕ（ファイ），$C\alpha$-C'結合の周りの回転角をψ（プサイ）と表す。そして，許容されるϕおよびψの組合せについては，理論上計算できる。タンパク質を構成するすべてのアミノ酸残基について，ϕおよびψをプロットしたとき，グリシン以外のアミノ酸残基が許容範囲に入っていなければ，構造に誤りがある可能性がある。構造の誤りをチェックし，間違いがないとわかれば，タンパク質のX線結晶構造解析は終了である。**図12-7**にタンパク質の最終モデルの一例を示す。

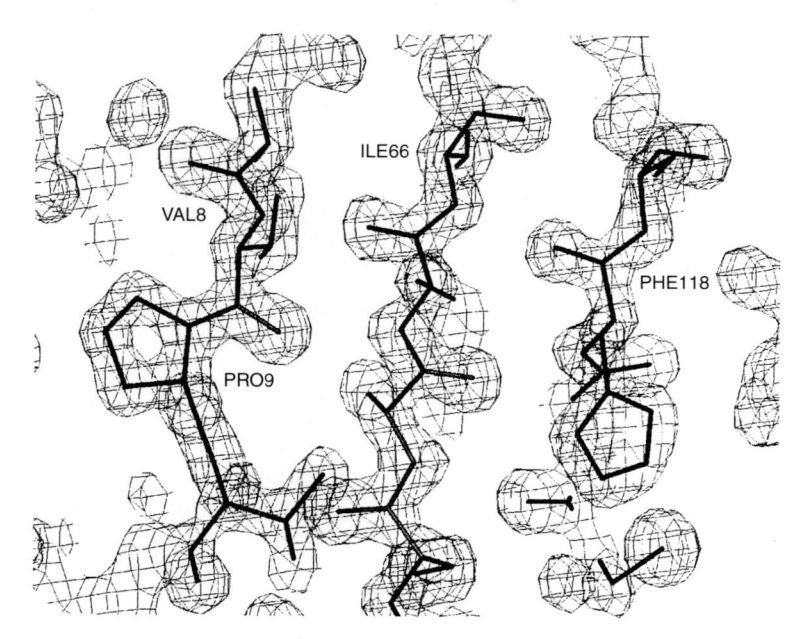

図 12-6　BLMAタンパク質の電子密度マップ

タンパク質のX線結晶構造解析　**127**

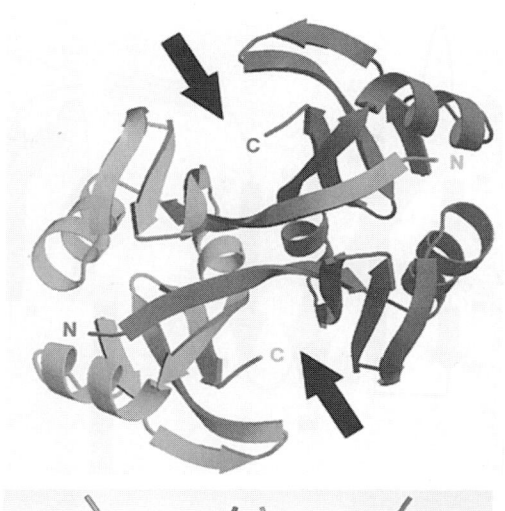

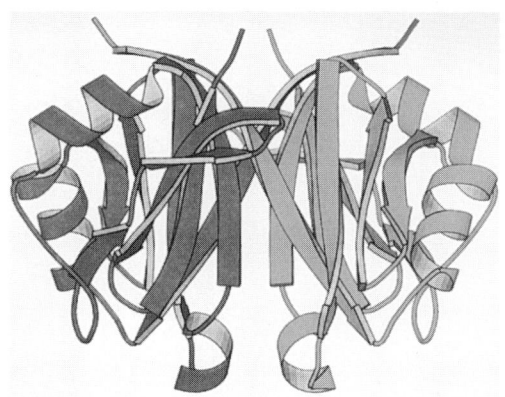

図 12-7　BLMA タンパク質の立体構造

BLMA タンパク質のモノマー分子が互いにくし刺しのようにアームを変換してダイマー構造をとっているのがわかる。各モノマーに分子は三つの α-ヘリックスと 10 個の β-鎖から構成されている。ダイマー構造の形成によって生ずる矢印で示した二つの溝にブレオマイシン分子がそれぞれ 1 分子ずつトラップされる。トラップされたこの分子はもはや抗癌剤としての機能を失う。

おわりに

　病気の治療に用いる薬，とくに，感染症に有効な薬剤が抗生物質である．この薬は，おもに土壌中にいる放線菌やカビなどから見つけられてきた．言ってみれば，抗生物質は宝探しの末に偶然見つかった薬である．ところが，ヒトゲノムの全貌がほぼ明らかになった今，大手製薬会社はヒトの遺伝子解析データに基づいた知見を新薬の開発につなげようとしている．研究者はこれを『ゲノム創薬』と呼び，かなり計画的，かつ，戦略的である．もしも，病気にかかわる遺伝子を特定できれば，その病因遺伝子によってつくられるタンパク質の機能を抑える薬を，タンパク質の立体構造を参考にしてデザインすればよい．そんな考えが浮かんでくる．

　ヒトゲノムを解読することは，ヒトのつくるタンパク質のアミノ酸配列を明らかにすることだけではない．実際，タンパク質をつくる遺伝子が，どのようにして発現するのか，他の生物の遺伝子とどのように違うのか，同じ遺伝子でも個人差があるのかなどもわかってきた．タンパク質のアミノ酸配列は，遺伝子の塩基配列から簡単にわかるが，その立体構造についての法則性は，残念ながらわかっていない．タンパク質の三次元構造をこれまでいくつか調べてわかったことは，アミノ酸配列が多少ちがっていても，同じ構造をとることが多いことである．アミノ酸のホモロジーが明らかに認められない二つのタンパク質でも，立体構造は保存されているということは決して珍しいことではない．

　ヒトのゲノムが今後に与える影響を考えてみよう．例えば，健常人と患者との間で，遺伝子の塩基配列を比べることで，その特定変異が病気のリスクに関係するのか否かをハッキリさせることができる．このことは，やがて，私たちが，ある特定の病気にかかりやすいか否かを遺伝子診断によって調べる時代が来ることを予想させ，そのうちのいくつかの病気では実際に遺伝子診断が行われているのも事実である．ただし，ゲノム情報が病気の治療に貢献する一方で，倫理的にはやっかいな問題を引き起こすことは否定できない．

ところで，標的タンパク質に対して選択的で親和性の高い薬剤をデザインするためには，X線結晶構造解析結果のほか，NMRによる溶液状態での構造解析の成果が不可欠となる。最近，創薬研究者の間で好んで使われる言葉がある。Structure-based drug design（SBDD）である。より使いやすいX線回折装置やデータ処理ソフトが市販されるようになったおかげで，タンパク質の立体構造が気軽に解析できるようになってきたからであろう。

全ゲノム配列の解読によってもたらされる重要な情報とは何であろうか？例えば，抗生物質生産菌として知られる放線菌について述べてみる。全ゲノム解読前にも，*Streptomyces*（*S.*）*coelicolor*，*S. avermitilis* や *S. griseus* といった放線菌は数種類の二次代謝産物を産生することが知られていたが，全ゲノム解読の結果，ゲノム内には，別の二次代謝産物生合成遺伝子クラスターが数多く存在することが判明したことである。ちなみに，抗生物質も二次代謝産物の一つである。換言すれば，ゲノムは「二次代謝産物の宝の山」ということになる。実際，ゲノム中に書かれている遺伝情報を探索する，いわゆるゲノムマイニング（genome mining）の手法により，*S. coelicolor* はセリケリン（ペプチド）を，*S. avermitilis* はエバーミティロール（テルペン）をも産生することがわかった。この両物質とも新規の化合物であることはいうまでもない。最近の製薬企業は，放線菌の産生する二次代謝産物の探索からは撤退した感がある。今後は，「ゲノムマイニング」の手法で，未知の生理活性物質が発見されることも期待できよう。

もう少し広い視野で生命科学を概観してみよう。すると『環境』というキーワードが見えてくる。

19世紀から20世紀にかけて，この200年間は人類にとって非常に大きな変革をもたらした時代であった。英国で興った産業革命は，新たな産業や技術革新を次々と生み出し，人類は物質的な豊かさを広く享受できるようになった。化学肥料による食料増産や医療の充実も進み，平均寿命は大幅に延び，そして地球上の人口は爆発的に増え続けることとなった。2011年，地球上の人口が70億人を突破したという報道は，記憶に新しい。

一方，ヒト以外の生物に目を向けると，この間，約5,000種存在していた哺乳類のうち150種近くが絶滅してしまった。また，絶滅危惧種は2,000種にも

のぼる。植物界においても，多くの絶滅種や絶滅危惧種が存在している。これはヒト中心的な開発により，地球環境の著しい変化が引き起こされていることと，大いに関係しているといっても過言ではない。

　今，世界的規模で環境問題が叫ばれるようになった。しかしながら，地球上の二酸化炭素濃度は確実に上昇しており，地球温暖化の一因となっている。その結果，南極や北極の氷が溶け続け海面が上昇している。いつかは国土の一部が水面下に消えてしまうという危惧も喫緊の課題となってしまった。多種多様な生物や生命体にとって，ますます棲みにくい環境になっていることは，間違いのない事実であろう。

　その対応策にと，地球温暖化防止の国際会議が召集され，化石燃料の大量消費がもたらす二酸化炭素の排出規制法が提案された。しかしながら，先進国は利益を優先するあまり，その規制に消極的である。発展途上国もまた，先進国がこれまで進めてきた，二酸化炭素の排出量をほとんど規制しない工業政策を採用しているのが現実である。そんなことから，今やまやかしの削減規制となり，地球環境の保護政策は，まさに風前のともし火である。

　アマゾンを始めとする密林地帯では樹木がよく育ち，二酸化炭素の大幅な減少が見込まれている。しかしながら，人類は，人口増加にあわせて密林地域に侵入することで，あえて植物を伐採し，新しい都市をつくってきた。その結果として，ジャングルを自ら消失させ，かつ，地球の二酸化炭素吸収能力を著しく低下させてしまったのである。

　都市の拡大化にともなって問題となるのは，なにも二酸化炭素の吸収量が落ちることだけではない。森林が伐採された土地に移り住むと，これまで人間社会から隔離され，ひっそりと暮らしていた動物ウイルスや病原菌に住人たちは曝されることとなり，それが新しい感染症を人間に引き起こすことがある。すなわち，生態系の乱れである。

　今後は，自然環境の保護政策を取るのはもちろんのこと，環境微生物や生態系を意識した環境汚染物質の除去や環境保全に向けた努力が必要であろう。さらに言えば，化石燃料や原子力発電の全廃を目ざして，例えば，遺伝子組換え技術や未利用バイオマス資源を駆使したアルコール燃料やバイオガスの大量供給も生命科学の重要な任務になるかもしれない。遺伝子組換え技術は，『原理

おわりに

的には生物のもつ能力から生じるすべての物質を生産しえる可能性を秘めている』ことから判断すれば，その実現は十分に期待できる。

このように，ヒト中心的な技術開発から，地球を意識した持続性のある共生循環型社会の構築へ向けた取組みが不可欠になっており，生命科学や生命倫理の果たす役割，またそれに関連する人材の育成が重要である。

すでに10年以上経過していて古いといわれるかもしれないが，2001年の蛋白質・核酸・酵素の6月号に，応用微生物学の世界的権威，東大名誉教授別府輝彦先生が，いみじくも以下のような意見を述べておられた。『最近の生命科学があまりに人間中心で，まるでダーウィン以前の生物学に戻ってしまったように見えることである。ヒトを健康にし，長生きさせ，次の世代のヒトまで幸せにし，そしてヒトとは何かを理解することは確かに大事である。しかし，地球の上で今のまま人口を増やし続けるのが不可能であるとなると，すべての人間活動はこれから大きく変化するはずで，生命科学にはそれをリードする責任があるだろう。そこで必要になるのは，ヒトではなくて地球上の生命全体を，見えない生物も含めて理解することであり，生命科学でヒトを相対化するために，問題設定の切り替えが必要になってくるのではないかと思っている。』と。このメッセージを読ませていただいたあとの感想として，ヒトのポストゲノム解析も大切ではあるけれど，微生物学を材料とした研究もさらに推進しなければと，今，改めて感じている著者たちである。

参 考 図 書

1) 杉山政則：基礎と応用　現代微生物学，共立出版（2010）
2) 勝部幸輝ほか監修：タンパク質の構造入門，ニュートンプレス（2000）
3) 中村桂子監訳：ワトソン　遺伝子の分子生物学，第5版，東京電機大学出版局（2006）
4) 久保幹ほか：バイオテクノロジー―基礎原理から工業生産の実際まで―，第2版，大学教育出版（2013）
5) 関口睦夫監訳：遺伝子操作の原理，第5版，培風館（2000）
6) 堀越弘毅，金澤浩：工学のための遺伝子工学，講談社サイエンティフィック（1992）
7) 日本生化学会編：新生化学実験講座1　タンパク質Ⅰ　分離・精製・性質，東京化学同人（1990）
8) 堀越弘毅ほか：酵素科学と工学，講談社サイエンティフィック（1992）
9) 相澤益男ほか：生物物理化学，講談社サイエンティフィック（1995）
10) 日本生化学会編：新生化学実験講座1，タンパク質Ⅲ　高次構造，東京化学同人（1990）
11) 杉山純多ほか編：微生物学実験法，講談社（1999）
12) 土壌微生物研究会編：新・土の微生物（3）遺伝子と土壌微生物，博友社（1998）
13) 土壌微生物研究会編：新・土の微生物（4）環境問題と微生物，博友社（1999）
14) Neefs. J.-M. et al., *Nucleic Acids Res.*, **18**, supplement, 2237-2317（1990）
15) 今堀和友・山川民夫監修：生化学辞典　第4版，東京化学同人（2007）
16) 村松正實監訳：ゲノム2，メディカル・サイエンス（2003）
17) 西郷薫監訳：分子遺伝学，東京化学同人（1999）
18) 川喜田正夫訳：分子生物学の基礎，第4版，東京化学同人（2004）
19) 野島博：遺伝子工学の基礎，東京化学同人（1996）
20) 田村隆明・村松正實：基礎分子生物学，第3版，東京化学同人（2007）
21) 駒野徹・酒井裕：ライフサイエンスのための分子生物学入門，裳華房

(1999)
22) 松橋通生ほか監訳：ワトソン・組換え DNA の分子生物学　第 3 版，丸善（2009）
23) 魚住武司：遺伝子工学概論，コロナ社（1999）
24) 中村春木，中井謙太：バイオテクノロジーのためのコンピューター入門，コロナ社（1995）
25) Messing J.: New M13 vectors for cloning, *Methods in Enzymology*, **101**, 20-78（1983）
26) M. Nishimura and M. Sugiyama: Cloning and sequence analysis of a Streptomyces chlesterol esterase gene, *Appl. Microbiol. Biotechnol.* **41**, 419-424（1994）
27) 久保幹，森崎久雄，久保田謙三，今中忠行：環境微生物学，化学同人（2012）
28) 竹中章郎ほか監訳：タンパク質の結晶 X 線解析法，第 2 版，シュプリンガー・ジャパン（2008）
29) 稲田利文，塩見春彦編：RNA 実験ノート　下，羊土社（2008）

その他カタログ
1) TOYOBO: Life Science 2012/2013
2) TaKaRa：タカラバイオ・クロンテック総合カタログ 2012-2013
3) New England BioLabs：2011・12 カタログ&テクニカルリファレンス

索引

あ行

アガロース電気泳動　36, 37
アクチノマイシンD　5
アクリジンオレンジ　70
亜硝酸　70
アスパルテーム　77
アセチルトランスフェラーゼ　23
アテニュエーション　29, 30, 31, 32, 33
アニリノチアゾリノン誘導体　89
アニーリング　36, 53, 57
アフィニティクロマトグラフィー　78, 116
アベリー　1, 2
アミノアシルtRNA　105, 106
アミノ酸　94, 95, 106, 107, 108, 118
アミロース　112, 113
アルゴノート　74, 75
アレイ　66
アンチコドン　107, 108
アンチセンス法　74
アンピシリン　16, 17
アンピシリン耐性遺伝子　15
イオン交換クロマトグラフィー　78, 80, 81, 82, 83
鋳型　24, 25
異常分散　125
位相　120, 124
一次構造　94
遺伝暗号　106
遺伝子バンク　39
遺伝子ライブラリー　39
イメージングプレート　124
インスリン　113, 114
インターカレーション　5, 6
インターカレーター　5
イントロン　19, 33, 34, 35
ウィルキンス　3, 121
ウイロイド　9
ウェーバー　86
ウレアーゼ　120
エキソン　19, 33, 34
エチジウムブロミド　5, 6
エチルメタンスルフォネート　70
エドマン分解法　77, 89, 90
エピソーム　iii
エレクトロポレーション法　19, 20

塩基の対合　4
遠赤外線　100
エンドヌクレアーゼ　35
エンハンサー　35
円偏光二色性　v, 100, 101
円偏光二色性スペクトル　101
オスボーン　86
オープンリーディングフレーム　50
オペレーター　23, 27, 30, 109
オペロン　24, 29

か行

開始因子　105
開始コドン　24
回文構造　14
外膜　116
核磁気共鳴　v
核磁気共鳴解析法　118
可視光線　100
カタボライト遺伝子活性化タンパク質　23
カタボライト活性化因子　27
カタボライト抑制　28
荷電アミノ酸　95
カラムクロマトグラフィー　78
カルタヘナ議定書　9, 10
カルタヘナ法　9, 10
カルボキシペプチダーゼ　91
キメラプラスミド　43
逆相クロマトグラフィー　82
逆転写　67
逆転写酵素　19, 56, 57
キャップ　34
凝集体　111
極性アミノ酸　95
ギルバート　41
グアニリルトランスフェラーゼ　34
クエンチャー　62
クマシーブルー　85
グリセルアルデヒド三リン酸脱水素酵素　66
クリック　3, 4, 5, 121
グリフィス　1
クレノー酵素　54
クローニング　15, 18, 19, 56, 60, 77, 88, 91, 108, 113
クローニングベクター　15, 16

クロマチン免疫沈降法　64, 67, 68
クンケル　72
蛍光色素法　61, 63
蛍光標識プローブ法　62, 63
形質転換　2, 18, 19
形質導入　19
血液凝固第10因子　112
ゲノム創薬　128
ゲノムマイニング　129
ゲノムライブラリー　39
ゲルシフトアッセイ　68
ゲル濾過クロマトグラフィー　78, 79, 80, 83, 87
原核生物　104, 105
ケンドリュー　121
コア酵素　25
構造　96
構造遺伝子　23, 24, 30
高速液体クロマトグラフィー　78
高速原子衝突　88
コーエン　iii
コスミドベクター　15
コドン　50, 107
コリプレッサー　29
コロニー・ハイブリダイゼーション　39, 40
コンピテント・セル法　19, 20

さ行

サイクリック AMP　23
サイクルシークエンシング　47
再生　20
サイバーグリーン　61, 62
細胞壁　116
細胞膜　116
サザン　36
サザンブロッティング　36, 37, 38, 39
雑種　36
サブクローニング　56
サムナー　120
サーモライシン　77, 83, 86, 87, 91, 92, 93, 97, 98, 99, 100, 102
サンガー　41
紫外線　100, 101
シグナル配列　89, 92, 93, 94, 116
シグナルペプチダーゼ　89, 92, 93, 117
シグナルペプチド　92
自己分解点　98, 102
シストロン　24
ジスルフィド結合　114
シッティングドロップ法　121, 122, 123

ジデオキシ法　41, 42, 43, 47, 48
自動 DNA シークエンサー　46, 47, 118
シミュレーティッドアニーリング法　126
シャイン・ダルガルノ配列　108
シャトルベクター　15
シャルガフ　2, 3
臭化シアン　90, 114
終結因子 Rho　25
重原子同型置換法　125
宿主　11, 12, 15, 16, 17, 19, 20, 43, 52, 110
宿主・ベクター系　15
蒸気拡散法　121
真核生物　104
シンクロトロン蓄積リング　123
伸長因子 Tu　105
浸透圧処理　117
水素結合　3, 4, 5, 14, 18, 25, 26, 36, 108
スタール　6
ステムアンドループ構造　30, 31, 32, 35
スプライシング　19, 34, 35
スペクトル　100
スミス　12
制限酵素　10, 11, 12, 13, 14, 15, 19, 37, 52
制限酵素 DpnI　72, 73
制限・修飾　12
生物多様性条約　10
赤外線　100
選択マーカー　15, 16
相同性　36
相補鎖 DNA　19
疎水性アミノ酸　95
疎水性クロマトグラフィー　78, 82, 83
ソフトレーザー脱離イオン化法　88

た行

ダイサー　74, 76
ダイ（色素）ターミネーター　46, 47
ダイ（色素）プライマー　46
ダイレクトシークエンス法　60
多波長異常分散法　125
ターミネーター　23, 24, 26
ターン構造　96
タンパク質分解酵素　2, 77
チャン　iii
超高速シークエンシング法　48, 49
定量 RT-PCR　64, 65
デオキシリボヌクレアーゼ　2
転移 RNA　35
電気泳動　84

索引 137

電子密度図　125, 126
転写　7, 23, 25, 27, 28, 29, 30, 31, 32, 33, 35, 76, 106
転写開始点　50
テンプレートファージ　43
等電点　81, 83
糖特異的酵素 I　28
糖ホスホトランスフェラーゼシステム　28
特性 X 線　123
トッド　3
ドミナントネガティブ法　74
トランスファー RNA　105
トランスローケーション　106
トリプシン　90
トリプトファンオペロン　29
ドロシャ　76

な行

ナイロンメンブレンフィルター　38
ナタンス　12
ナンセンスコドン　107
二次構造　50, 54, 96, 100, 102
ニッケル・キレートカラム　116
ニトロセルロースメンブレンフィルター　38, 39
ニトロソグアニジン　70
尿素分解酵素　120
尿素変性ポリアクリルアミドゲル電気泳動　42, 45, 47
ヌクレイン　1
粘着末端　14
ノーザンブロッティング　38

は行

肺炎双球菌　1, 2, 20
ハイブリダイゼーション　36, 38, 64, 67, 68
ハイブリッドプロモーター　110
ハウスキーピング遺伝子　65
バーグ　iii
発現　104
発現ベクター　15, 109
パーミアーゼ　23
パリンドローム　14
パリンドローム構造　25, 26
ハンギングドロップ法　121, 122, 123
半定量 RT-PCR　64, 66
半保存的複製　6, 118
ビオチン標識化プライマー　45
ヒガ　iii
飛行時間型　88

ヒスチジン・タグ　116
ヒドラジン分解　91
ビルレントファージ　43
ファイアー　74
ファージ　iii, 11, 12, 14, 15, 19, 40
ファージベクター　19, 44
部位特異的変異　71, 72, 73, 99
フェニルイソチオシアネート　89
フェニルチオカルバミル　89
フェニルチオヒダントイン誘導体　89
複製起点　15
プライマー　43, 45, 47, 52, 53, 55, 56, 57, 60, 62, 64, 72
プラーク・ハイブリダイゼーション　39, 40
プラズマデソープション　88
プラスミド　iii, 14, 15, 16, 18, 19, 43, 52, 72
プラスミドベクター　15, 19
ブラッグ　119
ブラッグの法則　120
フランクリン　121
フーリエ変換　125
ブレオマイシン　111, 127
ブレオマイシン結合タンパク質　111
プレプロ・インスリン　113
プレ領域　94
プロテアーゼ　77
プロテアーゼ I　90
プロテインシークエンサー　90
プロテオミクス　v
プロテオーム　v
プロトプラスト法　19, 20
プロモーター　23, 24, 25, 27, 28, 31, 35, 50, 68, 76, 108, 109
プロ領域　94
分子シャペロン　117
分子置換法　125
平滑末端　14
ベクター　11, 14, 15, 16, 17, 18, 19, 52, 75, 76, 115
ペニシリン加水分解酵素　116
ペプチジル tRNA　105, 106
ペプチジルトランスフェラーゼ　106
ヘリカーゼ　26
ペリプラズム　116, 117
ペルツ　121
偏光　v
変性　4, 36, 37, 39, 53, 58
変性剤濃度勾配ゲル電気泳動　58
ボイヤー　iii
ポストゲノム解析　v

索引

ホスホジエステル結合　3
ホッペーザイラー　1
ポリAポリメラーゼ　34
ポリエチレングリコール　20, 43
ポリシストロン　24
ポリソーム　106
ポリデオキシリボヌクレオチドシンターゼ　18
ポリメラーゼ連鎖反応　52
ホロ酵素　25
翻訳　24, 31, 32, 33, 92, 104, 106

ま行

マイクロ波　100
マイトマイシンC　70
マキサム　41
膜タンパク質　28
マススペクトル　83, 87, 88
マリス　iv, 52
マルチクローニングサイト　15, 16, 109, 44
マルトース結合タンパク質　112, 113
マンデル　iii
ミーシャ　1
ミトコンドリア　33
メセルソン　6
メタゲノム解析　57, 58, 60
メッシング　43
モノクロメーター　123
モノシストロン　33

や行

ヤノフスキー　31
誘導型タンパク質　26
誘導型プロモーター　109, 110
誘導剤　17
遊離因子　106
葉緑体　33

ら行

ラウエ　119
ラクトースオペロン　23, 26, 27, 29
ラクトース分解酵素　22
ラジオ波　100
ラマチャンドラン　96
リアルタイムPCR　52, 61, 62, 65
リーダーペプチド　30, 31, 32, 33, 112
リプレッサー　23, 27, 29
リボソーム　104, 105
リボソーム遺伝子　35
リボヌクレアーゼ　2

硫安　82
硫酸アンモニウム　82
類似性　36
ループ構造　96
レムリー　86
レントゲン　119
ロザリント・フランクリン　3

わ行

ワトソン　3, 4, 5, 121

欧文

A. C. Y. Chang　iii
A. Fire　74
A. Higa　iii
A. Maxam　41
A. Todd　3
acetyltransferase　23
alley　66
aminoacyl site　105
aminoacyl tRNA　105
amp　15, 16, 17
amylose　112
annealing　36
argonaute　75
attenuation　29
ATZ-アミノ酸　89, 90
B. stearothermophilus　87
Bacillus stearothermophilus　97
Bacillus thermoproteolyticus　87
BamHI　11, 13, 16, 18
base pair　4
BLMA　111, 113, 122, 124, 126, 127
blunt end　14
C. Yanofsky　31
cAMP　23, 28
cAMP receptor protein　27
CAP　23, 27, 34, 106
Catabolite activator protein　27
catabolite gene activator protein　23
CBD　10
CCDカメラ　124
CD　v, 100, 101
cDNA　19, 56, 57, 64, 66, 113
CDスペクトル　100, 101, 102, 103
cell-free extract　112
cell wall　116
ChIP　69
ChIP-Chip法　68, 69
Chromatin immunoprecipitation　64
circular dichroism　101

索引 **139**

cistron　*24*
cloning vector　*15*
cohesive end　*14*
colony hybridization　*39*
competent cell　*20*
complementary DNA　*19, 56*
coomassie blue　*85*
core enzyme　*25*
cosmid vector　*15*
CRP　*27*
cyclic AMP　*23*
cytoplasmic membrane　*116*
D. Nathans　*12*
DDBJ　*7, 50*
de novo シークエンス解析　*49*
denaturation　*4, 36*
denaturing gradient gel electrophoresis　*58*
DGGE　*58, 59*
Dicer　*74*
DNA ligase　*iii, 11, 18*
DNA アデニンメチラーゼ　*72*
DNA データベース　*7*
DNA 分解酵素　*2*
DNA ポリメラーゼ I　*45, 71*
DNA マイクロアレイ解析　*64, 66, 67*
DNA リガーゼ　*iii, 18, 19*
*Dpn*I　*72*
Drosha　*76*
dye-primer　*46*
dye-terminator　*47*
E. Chargaff　*2*
E. F. I. Hoppe-Seyler　*1*
E. M. Southern　*36*
*Eco*RI　*iii, 10, 11, 13, 14, 16*
Edman　*89*
electrophoresis　*84*
electroporation　*20*
elongation factor G　*106*
elongation factor Tu　*105*
EMBL　*7*
episome　*iii*
Escherichia coli　*12, 13*
exit site　*106*
exon　*19, 33*
expression　*104*
expression vector　*15, 109*
F. Griffith　*1*
F. H. C. Crick　*3*
F. Miescher　*1*
F. Sanger　*41*
F. Stahl　*6*
FAB　*88*
factor Xa　*112, 113*
fast atom bombardment　*88*
FITC　*89*
G. N. Ramachandran　*96*
GAPDH　*66*
GC クランプ　*58, 59*
GenBank　*7*
gene bank　*39*
gene library　*39*
genome mining　*129*
genomic library　*39*
glyceraldehyde tri-phosphate dehydrogenase　*66*
guanylyl transferase　*34*
H. Osborn　*86*
H. Smith　*12*
H. W. Boyer　*iii*
Haemophilus influenzae　*12, 13*
helicase　*26*
high performance liquid chromatography　*78*
histidine-phosphorylatable protein　*28*
histidine tag　*116*
holoenzyme　*25*
homology　*36*
host　*11*
host vector system　*15*
HPLC　*78, 79, 91*
hybrid　*36*
hybridization　*36*
inclusion body　*111*
inducer　*17*
inducer exclusion　*28*
inducible promoter　*109*
inducible protein　*26*
initiation　*105*
initiation factor　*105*
intercalation　*5*
intron　*19, 33*
IPTG　*17, 109, 110*
isopropyl-β-D-thiogalactopyranoside　*17, 109*
J. B. sumner　*120*
J. D. Waston　*3*
J. K. Laemmli　*86*
J. Kendrew　*121*
J. Messing　*43*
J. Shine　*108*
K. B. Mullis　*iv*

K. Mullis *52*
K. Weber *86*
L. Dalgarno *108*
lac promoter *109*, *110*
lacA *23*
lacI *23*
lacY *23*
lacZ *16*, *17*, *23*, *27*, *44*, *114*
Living Modified Organism *9*
LMO *9*
M. H. F. Wilkins *3*, *121*
M. Mandel *iii*
M. Meselson *6*
M. Pertz *121*
M. von Laue *119*
M 13 ファージ *43*, *44*
M 13 ファージベクター *40*
MAD 法 *125*
maltose-binding protein *112*
MBP *112*, *113*
MCS *15*, *16*, *17*, *44*
microRNA *74*
miRNA *74*
multiple-wavelength anomalous dispersion *125*
mutant *111*
NMR *v*, *100*, *118*, *129*
NMR 解析 *102*
nuclein *1*
O. T. Avery *1*
Open Reading Frame *88*
operator *23*, *109*
operon *24*
ORF *50*, *88*, *89*
ori *15*, *16*
osmotic shock *117*
outer membrane *116*
P. Berg *iii*
PAGE *87*
palindrome *14*
PCR *iv*, *7*, *47*, *48*, *50*, *52*, *53*, *55*, *56*, *57*, *58*, *60*, *61*, *62*, *63*, *65*, *71*, *72*, *97*
PCR-DGGE 法 *57*, *58*, *59*, *60*
PD *88*
PDB *51*
PEG *20*, *43*
peptidyl site *105*
peptidyl transferase *106*
peptidyl tRNA *106*
periplasm *116*
permease *23*, *28*

pET ベクター *114*, *115*, *116*
phage *11*
phase *120*
pI *81*, *82*
plaque hybridization *39*
plasma desorption *88*
plasmid *iii*
polydeoxyribonucleotide synthase *18*
polyethylene glycol *20*
polymerase chain reaction *iv*, *52*
pre-pro insulin *113*
protoplast *20*
PTC *89*
PTH-アミノ酸 *90*
PTS *28*
pUC 系ベクター *15*
R factor *126*
R. Franklin *3*, *121*
Ramachandran プロット *126*
rDNA *35*
regeneration *20*
release factor *106*
repressor *23*, *27*
restriction endonuclease *iii*
reverse transcriptase *19*, *56*
ribosome *104*
RISC *75*
RNA induced silencing complex *75*
RNA interference *74*
RNA polymerase *23*
RNAi *74*
RNA サイレンシング *74*, *75*
RNA 分解酵素 *2*
RNA ポリメラーゼ *23*, *24*, *25*, *26*, *27*, *29*, *31*, *32*, *33*, *106*
RNA ポリメラーゼ I *35*
RNA ポリメラーゼ III *35*, *76*
RNA ポリメラーゼ II *33*, *34*, *76*
RT-PCR *57*, *64*
R 因子 *126*
S. N. Cohen *iii*
SD *108*
SDS-PAGE *79*, *83*, *84*, *85*, *86*, *87*, *93*, *97*
SDS polyacrylamide gel electrophoresis *83*
SDS ポリアクリルアミドゲル電気泳動 *83*
semi-conservative replication *6*
short hairpin RNA *76*
shRNA *76*
shuttle vector *15*

signalpeptidase　*117*
similarity　*36*
siRNA　*74*, *75*, *76*
site-directed mutagenesis　*71*
small interfering RNA　*74*
splicing　*35*
stem and loop　*30*
Streptococcus pneumoniae　*1*
structural gene　*23*
Structure-based drug design　*129*
sugar phosphotransferase system　*28*
synchrotron storage ring　*123*
T. A. Kunkel　*72*
T-vector　*55*
T 7 RNA ポリメラーゼ　*114*, *115*
T 7 プロモーター　*114*
tac プロモーター　*109*, *110*, *111*
Taq ポリメラーゼ　*54*, *55*, *56*, *60*, *71*
TA クローニング　*55*, *56*
template　*24*
terminator　*24*
Thermus aquaticus　*54*, *55*, *97*
time of flight　*88*
TOF　*88*
transcription　*23*, *25*
transduction　*19*
transfection　*19*
transfer RNA　*35*
transformation　*2*, *19*
translation　*24*, *104*
translocation　*106*
tRNA　*35*, *105*, *107*
trp operon　*29*
trp promoter　*109*, *110*
trp オペロン　*29*, *30*, *31*, *32*
V 8 プロテアーゼ　*90*

vector　*11*
W. C. Röntgen　*119*
W. Gilbert　*41*
W. L. Bragg　*119*
X-gal　*17*
X 線　*100*, *119*, *120*, *121*, *123*, *124*
X 線回折　*v*, *3*, *119*, *123*, *124*, *125*
X 線結晶構造解析　*101*, *118*, *119*, *121*, *129*

ギリシャ

α-コンプリメンテーション　*16*, *17*
α-ヘリックス　*95*, *101*, *102*
β-ガラクトシダーゼ　*16*, *17*, *22*, *23*, *26*, *27*
β-シート　*96*, *101*
β-ラクタマーゼ　*16*, *116*
β-galactosidase　*22*
β-strand　*96*
γ 線　*100*
λ ファージ　*11*, *12*
λ ファージベクター　*40*
ρ　*25*, *26*
ρ 因子　*26*
σ 因子　*25*, *26*
σ-factor　*25*

数字

16 S rDNA　*58*
2-mercaptoethanol　*84*
2-メルカプトエタノール　*84*
3-β-indoleacrylic acid　*110*
3-β-インドールアクリル酸　*110*
5-bromo-4-chloro-3-indolyl-β-D-galactopyranoside　*17*
5-ブロモウラシル　*70*

著者紹介

杉山政則（すぎやま　まさのり）・工学博士
1976 年　広島大学大学院工学研究科修士課程修了
現　在　広島大学大学院医歯薬保健学研究院教授，薬学部長
主要著書：『薬をつくる微生物―自己耐性と遺伝子操作―』1985，海鳴社
　　　　　『微生物その光と陰―抗生物質と病原菌―』1996，共立出版
　　　　　『微生物―その驚異と脅威』2003，三共出版
　　　　　『構造生物学―ポストゲノム時代のタンパク質研究―』2007，共立出版
　　　　　『基礎と応用　現代微生物学』2010，共立出版
　　　　　『植物乳酸菌の挑戦』2012，広島大学出版会

久保　幹（くぼ　もとき）・博士（工学）
1985 年　広島大学大学院工学研究科博士課程前期修了
現　在　立命館大学生命科学部教授
主要著書：『生命科学 1　生物個体から分子へ』2012，コロナ社
　　　　　『環境微生物学』2012，化学同人
　　　　　『生命科学 2　生物個体から生体系へ』2013，コロナ社
　　　　　『バイオテクノロジー　第 2 版』2013，大学教育出版

熊谷孝則（くまがい　たかのり）・博士（薬学）
1995 年　広島大学大学院医学系研究科修士課程修了
現　在　広島大学大学院医歯薬保健学研究院准教授
主要著者：『構造生物学―ポストゲノム時代のタンパク質研究―』2007，共立出版

遺伝子とタンパク質のバイオサイエンス
BIOSCIENCE OF THE GENE AND PROTEIN

NDC　464.2, 467.2　　　　　　　　　　　　　　　　　　　　　検印廃止　Ⓒ 2013

2013 年 9 月 10 日　初版 1 刷発行

編著者　杉山政則
著　者　杉山政則・久保　幹・熊谷孝則
発行者　南條光章
発行所　共立出版株式会社
　　　〒112-8700　東京都文京区小日向 4-6-19　　　電　話　03-3947-2511（代表）
　　　FAX　03-3947-2539（販売）　　　　　　　　　FAX　03-3944-8182（編集）
　　　振替口座　00110-2-57035
　　　http://www.kyoritsu-pub.co.jp/
印刷所　中央印刷
製本所　中條製本　　　　　　　　　　　　　　　　　　　　　　　Printed in Japan

ISBN 978-4-320-05727-2　　　　　　　　　　　　　　　　一般社団法人　自然科学書協会　会員